DES SOUFFRANCES DE L'AGRICULTURE.

DU COMMERCE DES ENGRAIS

EXAMEN CRITIQUE

DE LA JURISPRUDENCE DE LA COUR DE CASSATION

RELATIVE A CE COMMERCE

PAR M. H. ROZY

PROFESSEUR AGRÉGÉ A LA FACULTÉ DE DROIT DE TOULOUSE,
CHARGÉ DU COURS D'ÉCONOMIE POLITIQUE.

PARIS
LIBRAIRIE GUILLAUMIN
14, Rue de Richelieu.

TOULOUSE
ARMAING, LIBRAIRE
44, Rue Saint-Rome.

DES SOUFFRANCES DE L'AGRICULTURE.

DU COMMERCE DES ENGRAIS

EXAMEN CRITIQUE

DE LA JURISPRUDENCE DE LA COUR DE CASSATION

RELATIVE A CE COMMERCE

PAR M. H. ROZY

PROFESSEUR AGRÉGÉ A LA FACULTÉ DE DROIT DE TOULOUSE,
CHARGÉ DU COURS D'ÉCONOMIE POLITIQUE.

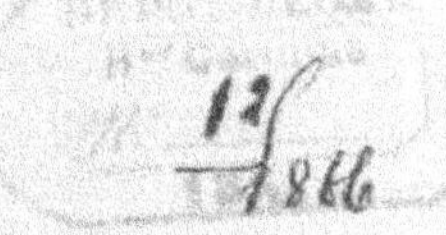

PARIS
LIBRAIRIE GUILLAUMIN
14, Rue de Richelieu.

TOULOUSE
ARMAING, LIBRAIRE
43, Rue Saint-Rome.

L'enquête agricole va s'ouvrir. Elle sera consciencieuse et complète, et à coup sûr elle ne sera pas ouverte uniquement aux agriculteurs de profession.

Il m'a semblé, dès-lors, qu'il pourrait être permis à un membre de l'enseignement du Droit, chargé d'ailleurs d'un cours d'économie politique, de venir, par anticipation, déposer son témoignage sur un point spécial de la question si complexe et si vivante des souffrances de l'agriculture.

Deux mots résument ma déposition dont le développement se trouve dans les pages qui suivent. Je viens dire que la Jurisprudence, en général, et surtout celle de la Cour de Cassation, éloigne bien des propriétaires de l'emploi des engrais fertilisateurs, en n'ayant, ni assez de rigueur contre les falsificateurs de ces matières, ni assez de bienveillance envers ceux qui font loyalement ce commerce et qui rendent de vrais services à l'agriculture, en lui faisant crédit.

Certes, c'est là une question tout actuelle. M. Hubert-Delisle disait au Sénat, le 11 février dernier, dans un discours qui embrasse largement toute la question agricole : « Il faut voir si » nous devons demeurer stationnaires dans cette agriculture avare » de *moyens de fertilisation*, ou si, au contraire, nous devons » entrer dans cette culture *féconde, perfectionnée*;..... si nous » devons accepter, en un mot, cette agriculture *intensive* et puissante qui fait que l'on répartit les frais généraux sur de plus » fortes quantités de produits. »

Je n'ai donc pas à craindre que l'on me reproche d'avoir soulevé des difficultés qui ne sont pas sérieuses ou dont je n'avais pas le droit de me préoccuper. J'aurais plutôt une crainte opposée : c'est que l'on me supposât indifférent à tous les autres besoins de l'agriculture en-dehors du besoin qu'elle a de bons engrais. Cette supposition me peinerait, et je crois devoir la repousser au seuil de cette petite brochure.

D'abord, l'une de ses premières pages, si l'on veut prendre la peine de lire autre chose que cette façon de préface, montrera que je m'associe aux plaintes de tous les agriculteurs intelligents qui sentent que le passé, et surtout le passé se présentant sous la forme de *l'échelle mobile*, ne doit pas être recommencé, et qui, regardant avec fermeté l'avenir, réclament surtout l'application du crédit à l'agriculture.

Ensuite, je prends ici l'engagement de publier l'une des conférences que j'ai eu l'honneur de faire à Castres (Tarn), où l'on verra que je ne recule devant aucune des réformes que l'agriculture a le droit de demander, et où l'on pourra remarquer que, pour donner un fondement sérieux à ces réformes, je sollicitais, à la date du 9 janvier dernier, une enquête que peu de personnes espéraient encore ce jour-là ; — la promesse du discours impérial ne s'étant produite que le 22 du même mois.

Enfin, pour donner le plus haut appui aux idées que j'ai essayé d'exprimer, je me retranche, en m'associant à ses conclusions, derrière le beau discours prononcé par le Sénateur que je viens de nommer et dont je me permets de recommander la lecture à tous ceux qui veulent connaître l'étendue des problèmes que soulève la question agricole et désirent avoir sur eux, à la fois, une large vue d'ensemble et une appréciation détaillée des solutions qu'ils réclament.

H. ROZY.

1er Mars 1866.

EXAMEN CRITIQUE

DE LA

JURISPRUDENCE DE LA COUR DE CASSATION

RELATIVE AU COMMERCE DES ENGRAIS.

Un savant économiste agriculteur [1] a dit : « Si la » France était peuplée comme le département du Nord, » elle aurait cent millions d'habitants ; et si elle était cultivée » comme le département du Nord, elle pourrait nourrir » ses cent millions d'habitants. » Pourquoi ce double résultat? Tout le monde en connaît la cause : c'est à un large emploi d'engrais que ce département doit sa fertilité et son abondance de produits vraiment exceptionnelle.

Aussi, est-ce une vérité acceptée maintenant sans contradiction, que si la houille est le pain de l'industrie, comme le dit une formule bien connue, l'engrais est l'aliment essentiel de toute opération agricole. La science l'a déjà prouvé depuis longtemps, et, sans avoir besoin d'emprunter ses démonstrations et ses procédés, chacun peut se convaincre de la justesse de cet axiome. Il suffit de songer que la production des denrées fournies par le sol lui enlève toujours une quantité plus ou moins considérable des substances minérales qui le composent, et que les engrais sont précisément destinés à rendre à la terre les éléments qui lui ont été enlevés. Voilà pourquoi, pour le dire en passant, l'engrais humain qui renferme forcément tous ces résidus de matières minérales soustraites au sol, parce que l'homme est l'être dont l'alimentation est la plus variée, sera toujours

[1] Mathieu de Dombasle, *Annales agricoles* de Roville, t. 1.

nécessairement le plus fertilisant des engrais. Tout autre engrais artificiellement fabriqué ne pourrait produire des résultats complets qu'à la condition que l'on sût bien quel est l'élément enlevé tout spécialement à la terre par telle ou telle production, dans quelle proportion il l'a été, et que l'engrais fût fabriqué et appliqué de façon à rendre très-exactement la nature et la proportion des matières minérales soustraites à la terre. Or, l'on sent bien que la spécialisation toute particulière de ces opérations les rend à peu près impossibles [1].

Plus la population va augmentant et plus la nécessité des engrais se fait sentir ; la raison en est bien simple. C'est que, dans certaines parties du pays, la culture du sol ne pouvant plus se développer en surface est obligée de se développer en profondeur. Au lieu de cultiver le sol à 30 ou 40 centimètres par exemple, ou même moins, on le remue jusques à 60, 65 ou même 70 centimètres. Au-delà d'une certaine profondeur, il faut s'attaquer à un sous-sol incomplet, improductif ; et on ne peut se dispenser d'améliorer cette nouvelle partie de la terre mise à contribution par le cultivateur. Aussi, l'agriculture que l'on dit toujours un peu réfractaire aux innovations s'est cependant convertie en France à la consommation des engrais. Il n'y a que six de nos départements qui ignorent encore leur utilité ; mais tous les autres en font un usage important ; et la consommation d'engrais s'élève maintenant, dans notre pays, à un chiffre de près de neuf cent millions de francs.

C'est un mouvement qu'il faut seconder par tous les moyens possibles, et il ne faut rien négliger pour que l'agriculteur puisse être certain d'acheter des engrais vraiment fertilisants, sur la qualité desquels il ne soit pas

[1] Voir cependant les expériences toutes nouvelles de M. Ville. Voir *Journal de Toulouse* du 2 janvier 1866.

trompé, et puisse également les acheter le plus possible à crédit. A mon avis, la jurisprudence, et notamment celle de la Cour de Cassation, marche tout-à-fait à l'encontre de ces deux désirs fort légitimes et dont la satisfaction est urgente; voilà pourquoi je me propose de présenter quelques observations et quelques critiques contre ses décisions en cette matière.

Sans doute, je ne me fais aucune illusion; le rappel de cette jurisprudence, à supposer qu'il se produisît, ne guérirait point toutes les souffrances de l'agriculture; mais est-ce une raison pour ne pas proposer ce que l'on croit être un remède, si incomplet qu'il soit? N'est-ce pas un devoir impérieusement imposé à tout le monde que de chercher consciencieusement à soulager une gêne aussi généralement constatée que celle de l'agriculture?

Malheureusement, si l'unanimité est à peu près établie dans la formule des plaintes, le désaccord renaît bientôt quand il s'agit de constater les causes du mal : or, comment guérir un mal si l'on ne connaît pas bien son origine? Je serais bien heureux, pour ma part, si la circulaire si ferme et si nette de M. le ministre Béhic, en date du 5 juillet dernier, avait converti les agriculteurs et les sociétés agricoles, et les avait bien convaincus que la suppression de l'échelle mobile, organisée depuis le 15 juillet 1861, n'a nullement aggravé la situation de l'industrie agricole; mais j'avoue que je n'ose l'espérer.

Pourquoi cependant s'obstiner à ne voir l'agriculture tout entière que dans la culture des céréales et encore même d'une seule céréale, le blé, et laisser complètement dans l'ombre, ou à peu près, l'augmentation considérable de nos exportations appliquées aux autres denrées ou objets quelconques produits par l'industrie agricole? Pourquoi, comme le faisait il y a quelques jours un des membres les plus importants de la Société d'agriculture de la Hte-Garonne, sembler n'avouer presque qu'avec peine que les principes nouvellement appliqués dans nos rapports avec les autres nations, nous facilitent à l'étranger le placement de quelques menus *produits* comme *œufs, fruits et beurre* (1), tandis que, d'après les documents officiels, la valeur de ces exportations est tout récemment montée de 325,301,922 fr. à 661,892,265 fr., en comprenant dans ce chiffre non-seulement les menus produits que l'on vient de nommer, mais encore les chevaux et les bestiaux que l'on omettait, je ne sais pourquoi, parmi les objets que nous exportons avantageusement? Pourquoi ne pas reconnaître que, depuis 1854, l'exportation des vins s'est accrue de 65 p. %, celle des fruits de 77 p. %, et qu'il a été exporté en 1864 six fois plus de chevaux qu'en 1854, huit fois plus de légumes et dix-sept fois plus de laines (Voir la circulaire de M. Béhic, du 5 juillet dernier.)

Pourquoi surtout oublie-t-on que, malgré les prétendus avantages de l'échelle mobile, elle réalisait si peu son but qui était, dit-on, de protéger l'industrie agricole nationale et de maintenir le prix du blé assez élevé, que ce blé est descendu, en 1850 et 1851, à un chiffre au moins aussi bas, plus bas même que celui auquel il s'est vendu en 1865? à 14 fr. 32 c. et 14 fr. 48 c.? Ce fait était reconnu, ces jours-ci, par la Société d'Agriculture de l'Ariège (Voir *Journal de Toulouse* du 2 septembre.) Quelle confiance avoir dans l'échelle mobile pour maintenir le prix du blé élevé, quand, de 1797 à 1819, sans échelle mobile, la moyenne du prix de l'hectolitre a toujours été de 21 fr. 87; et que depuis l'établissement de l'échelle mobile jusques à sa suppression, la moyenne n'a plus été que de 19 fr. 77?

Comment ne pas reconnaître, d'autre part, qu'en 1847, grâce ici à l'échelle mobile, qui fonctionnait trop éner-

(1) Rapport présenté à la Société d'Agriculture de la Haute-Garonne, par M. Laûteau, qui avait été délégué à Paris pour représenter la Société au sein de la réunion générale des sociétés savantes.

giquement cette année-là, nous avons à grand peine échappé à la famine, dont la crainte enfanta les crimes de Buzançais! Comment enfin tout le monde n'est-il pas convaincu que le bas prix du blé en 1865 a été dû, comme l'année précédente, à l'abondance de deux récoltes exceptionnelles (114 millions d'hectolitres en 1864, 116 en 1863), tandis que les années 1861, 1862 n'avaient donné que 75 et 99 millions d'hectolitres? Surtout quand l'on connait les chiffres des importations de blés étrangers, qui montaient en 1861 à 324 millions de francs, et se sont abaissées en 1864 à 21 millions et en 1865 à 15 millions. Comment enfin pourrait-on résister maintenant à cette démonstration, quand l'on voit depuis quelques jours, à Marseille même, dans ce port que les partisans de l'échelle mobile nous peignent comme inondé continuellement par les blés étrangers, le prix du blé hausser dans une certaine mesure, par cela seul que l'on croit que le rendement de la récolte de 1865 sera quelque peu inférieur à celui de l'année précédente? N'est-il donc pas vrai que l'abondance seule du produit faisait l'avilissement de son prix, puisque, malgré les réserves considérables de nos greniers, la simple crainte que la récolte nouvelle ne soit moins abondante a déjà entrainé une hausse de prix [1]?

[1] Ces lignes étaient écrites à la fin du mois d'août. Le mouvement de hausse ne s'est pas maintenu continuellement; cependant à la fin du mois de septembre, à Marseille, le blé avait atteint le chiffre de 18 fr. 75 et de 18 fr. 56. (Voir une lettre de M. le Ministre de l'agriculture et du commerce au Comice agricole d'Epoisses (Côte-d'Or). Voici des indications plus récentes :

MERCURIALES.

5 JANVIER.

Toulouse. —	Blé fin Roussillon.	17 75 à 18
	Bladette.	15 à 15 50
	Blé fin...	16 50 à 17

15 JANVIER.

Castelnaudary.	Razé blanc.	19
—	— rouge..	18 50
	Roussillon.	18 50

Espérons enfin que ce fait capital dessillera les yeux de tous, mais gardons-nous de nier les embarras et les malheurs de l'agriculture.

Oui, je le répète, l'agriculture souffre ; mais, pour la guérir, il faut regarder fermement en avant et ne pas essayer de recommencer le passé. Comme l'a dit M. de Chiseuil au Corps législatif, l'an dernier, il faut commencer d'abord par rendre des bras à l'agriculture, et pour cela il faut diminuer le contingent annuel de l'armée, ce qui nous amènera peu à peu, je l'espère du moins, à la suppression des armées permanentes. Comme l'a dit M. Darblay jeune, autre député, il faut que les moyens de transport des denrées soient moins coûteux sur les chemins de fer ou sur les canaux, et qu'on encourage la culture de la betterave ; il faut, disait-il encore, que l'on crée des magasins généraux pour conserver une partie des récoltes en temps d'abondance, ce qui, à la fois, déchargerait l'agriculteur des soins auxquels il doit se livrer pour conserver son grain, et permettrait de lui faire crédit sur le dépôt de ses produits ; il faut que l'on supprime la surtaxe sur le guano... Constatons que ce dernier vœu a été réalisé récemment, et que les droits d'entrée en France de ce précieux engrais ont été fort réduits au mois de janvier dernier [1]. Constatons aussi que le gouvernement, bien convaincu qu'il faut mettre à la portée de l'agriculteur les meilleurs engrais, a nommé déjà, depuis juin 1864, sur un rapport du ministre de l'agriculture et du commerce, une commission qui doit s'attacher spécialement à découvrir : 1° les moyens de réprimer la fraude dont le commerce des engrais est si

[1] Un décret plus récent permet de jouir du rabais de droit de douanes, même quand l'on ne prend qu'une quantité assez minime de guano. En résultat, 10,000 kilog. de guano ne paient pas plus de droits de douanes que n'en payaient 1,000 autrefois, soit 300 francs.

fréquemment l'objet; 2° ceux d'accroître l'abondance des engrais par une étude sérieuse de leurs valeurs relatives. Voilà le sens dans lequel il faut marcher, voilà la voie qui doit être suivie et sur laquelle se rencontreront d'autres stations dont il n'est point encore parlé dans les régions officielles, mais auxquelles songent bien les économistes : Abaissement de droits de mutation pour les transmissions de propriétés immobilières, créations de moyens de crédit agricole, association de petits propriétaires pour pouvoir combiner les avantages moraux de la petite propriété avec les avantages matériels de la grande culture, qui peut seule se prêter aux expériences, rechercher et appliquer les méthodes rationnelles et employer les machines. Mentionnons cependant, comme tout-à-fait digne d'éloges, la loi nouvelle du 21 juin 1865, qui vient de constituer les associations syndicales, et dont la fin de l'article 1er contient un mot qui peut renfermer toute une révolution agricole : « Peut être l'objet d'une association syndicale, l'exécution et » l'entretien *de toute amélioration agricole* ayant un caractère » d'intérêt collectif. » Pourvu que cet article de loi n'aille pas passer tout-à-fait inaperçu ! !

Mais je sens que je dépasse les bornes de ce travail. Je l'ai fait peut-être à dessein, parce que je crois qu'à l'époque où nous vivons, tout homme, qui est de son temps et qui croit à l'avenir, doit avoir une opinion faite et la formuler sur tous les problèmes sociaux et économiques qu'il rencontre sur son chemin. Je me hâte toutefois de rentrer dans mon programme qui n'avait d'autre prétention que d'indiquer le secours que la jurisprudence peut et doit apporter à l'agriculture en lui garantissant de bons engrais et des engrais à bon marché.

Pour obtenir le premier résultat, que faut-il? Faut-il surveiller préventivement l'industrie des engrais et conseiller aux préfets de prendre, pour règlementer cette industrie ou ce commerce, des arrêtés pareils à celui qui avait été pris par le préfet du Finistère, en 1861, et que la Cour de Cassation a si justement déclaré illégal et non obligatoire par arrêt du 28 août 1862 (Sirey, 1863, 1, 106)? Non; la réglementation à outrance est la conséquence d'une mauvaise doctrine économique, celle qui tend à annihiler l'individu en endormant sa vigilance et en l'absorbant dans l'Etat. Il faut tout simplement mettre l'agriculteur à même de pouvoir apprécier, par les moyens scientifiques, la valeur et la qualité de l'engrais qu'il achète; il faut l'instruire ou tout au moins lui inspirer, par une première éducation, une confiance légitime dans les procédés du chimiste qu'il ira consulter le plus souvent qu'il le pourra; mais ce n'est pas tout.

La fraude une fois démontrée, je le suppose, par une opération scientifique, la loi qui punit les fraudes dans la vente des marchandises doit être appliquée avec vigueur pour les décourager. Et cette application est ici d'autant plus juste, que ces tromperies sont souvent difficiles à vérifier, et que le cultivateur a bien des chances d'être trompé, car il lui arrivera quelquefois de ne s'apercevoir du préjudice qui lui a été occasionné que lorsqu'il aura pu constater le peu d'abondance de sa récolte.

Or, la loi qui réprime ces fraudes existe; c'est d'abord l'art. 423 du Code pénal et la loi de 1851 (1er avril); mais la Cour de Cassation n'applique la première de ces dispositions législatives que, quand la tromperie exercée par le vendeur de l'engrais est allée jusques à *dénaturer* complètement l'engrais en le remplaçant par des matières inertes, et par conséquent elle laisse passer impunies des fraudes qui tendent seulement à *diminuer* la puissance de l'engrais, en lui enlevant quelques précieuses qualités. C'est là un malheur au point de vue économique; mais il me semble aussi que c'est là une interprétation trop strictement textuelle, beaucoup trop judaïque de l'article 423 du Code pénal. Je vais essayer de le démontrer.

D'un autre côté, pour être à même d'acheter des engrais à un prix raisonnable et qui ne puisse pas s'augmenter par la crainte qu'aurait le vendeur de ne pas être payé, il faut que le vendeur soit rassuré; et il n'est pas de meilleur moyen pour cela que de lui donner un privilége sur les récoltes que l'engrais aura si fort aidé à produire. Or, la loi prévoyante a donné dans l'art. 2102 du Code Napoléon, un privilége sur les récoltes à celui qui a fourni les *semences* ou à celui qui a avancé *les frais de récolte* de l'année; mais la Cour de Cassation refuse de comprendre dans ces expressions la créance du vendeur d'engrais. Je crois encore que c'est là une interprétation beaucoup trop restrictive et qui abuse de ce principe juridique que les priviléges sont de droit étroit; et je viens encore le dire.

Voici donc les deux propositions que je soutiens à l'encontre de la jurisprudence de la Cour de Cassation :

1° L'art. 423 du Code pénal s'applique au cas où le vendeur d'engrais trompe sur les *qualités* de cet engrais. Il n'est pas essentiel, pour qu'il soit applicable, que la tromperie aille jusques à substituer une matière *inerte* à une matière *fertilisante.*

2° Le privilége concédé par l'art. 2102 du Code Napoléon aux fournisseurs des semences et aux frais de récolte doit comprendre les fournitures d'engrais.

I.

L'art. 423 du Code pénal s'applique aux fraudes commises sur les qualités des engrais ; il n'est pas essentiel, pour qu'il soit appliqué, que l'on ait substitué, soit pour le tout, soit dans une proportion quelconque, une matière tout-à-fait inerte à une matière fertilisante.

Posons d'abord quelques hypothèses pour bien circonscrire le débat, et puisqu'il s'agit de combattre la jurisprudence de la Cour de Cassation, il est tout naturel de prendre exactement les hypothèses dans lesquelles ont été rendus ses arrêts, en matière de tromperie d'engrais depuis 1857.

I. — Un vendeur d'engrais humain ajoute un tiers d'eau aux vidanges dont il fait le commerce, et le cultivateur qui l'a acheté constate que l'engrais qui lui a été vendu marque un nombre de degrés inférieurs du tiers à celui que le commerçant avait annoncé au public par des placards imprimés. (Espèce de l'arrêt du 29 août 1857. — Sirey, 1857, 1, 788).

II. — Une marque apposée sur un engrais indique qu'il contient 60 p. 100 de phosphate de chaux, tandis qu'il n'en contient réellement que 40 p. 100. (Espèce de l'arrêt du 30 décembre 1859. — Sirey, 1860, 1, 590).

III. — Un commerçant vend pour du guano du *Pérou, monopole garanti*, un mélange composé pour moitié de ce guano et pour l'autre moitié d'un guano de qualité inférieure, de façon à altérer dans la proportion de plus de la moitié le principe distinctif de l'engrais. (Espèce de l'arrêt du 8 avril 1864. — Sirey, 1864, 1, 470).

IV. — Enfin, des engrais, vendus comme fertilisants, ne contiennent cependant qu'un dixième de substance fertilisante. (Espèce de l'arrêt du 22 février 1861. — Sirey, 1861, 1, 574).

En face de ces quatre hypothèses qui au premier abord paraissent se ressembler singulièrement, la Cour de Cassation a prononcé trois sortes de décisions différentes. Dans la première, elle a refusé d'appliquer l'art. 423 du Code pénal, mais elle a appliqué l'art. 1er de la loi du 1er avril 1851, répressive de la fraude dans la vente des marchandises; dans les deux suivantes, elle a repoussé l'application de toute peine, et, dans la dernière, elle a appliqué l'art. 423 du Code pénal

J'ai rappelé ces quatre décisions pour que la discussion soit plus complète; mais il est bien entendu que je ne critiquerai point la première, quoiqu'elle n'ait pas appliqué l'art. 423, car la loi de 1851 qui l'a été est souvent plus sûrement répressive que la loi pénale ordinaire, qui ne punit pas la tentative de tromperie que la loi spéciale atteint au contraire. Mais ce n'est pas le moment d'entrer dans l'examen détaillé de ces différentes décisions de la Cour de Cassation; voyons d'abord et examinons bien le texte et l'origine de l'art. 423. Quelle est sa portée et son étendue?

Voici d'abord son texte: « Quiconque aura trompé l'acheteur *sur le titre* des matières d'or et d'argent, sur la *qualité* d'une pierre *fausse* vendue pour *fine*, sur la *nature* de toutes les marchandises, sera puni de l'emprisonnement pendant trois mois au moins, un an plus, et d'une amende qui ne pourra excéder le quart de restitutions et dommages-intérêts, ni être au-dessous de cinquante francs. »

Au premier abord, rien ne paraît plus large que la formule de cet article, et nulle autre ne semble plus propre à atteindre toutes les *falsifications*, toutes les *tromperies* dans les ventes de marchandises, pourvu, bien entendu, que ces tromperies ne soient pas accompagnées de manœuvres frauduleuses, auquel cas l'art. 405 revendiquerait le droit d'intervenir. Mais cette intention du législateur commence à se révéler d'une façon bien plus certaine, quand on rapproche cet article de l'art. 39 de la loi du 16-22 juillet 1791, qui ne punissait que les tromperies sur le *titre* des matières d'or ou d'argent ou sur la *qualité* d'une pierre fausse vendue comme fine. Avant le Code de 1810, deux hypothèses de tromperies étaient seulement prévues; elles sont reproduites dans l'art. 423, absolument dans les mêmes termes restrictifs : tromperie sur le *titre* des matières d'or ou d'argent, tromperie sur la *qualité* des pierres ; mais le législateur est devenu plus prévoyant. Il veut protéger le consommateur d'une façon plus générale, et tout en conservant les précisions faites pour des objets d'une nature toute particulière, et que le langage ordinaire n'enferme point dans la dénomination de marchandises, il édicte une peine pour atteindre tous les fraudeurs, les fraudeurs de toutes marchandises, pourvu que la *nature* de ces marchandises soit altérée ?

Mais quel est ici le sens du mot *nature ?* — Le législateur a-t-il voulu lui faire signifier la *substance* même de l'objet, ce qui lui constitue une individualité, ce qui lui vaut un nom spécial, ce qui lui permet d'être qualifié par un *substantif* particulier, par opposition au mot *qualité* que l'on trouve dans la ligne précédente ? Ou bien, faut-il croire que ce mot là a été pris, ce qui serait d'ailleurs fort raisonnable, comme synonyme de *valeur* d'une chose, de *propriétés* d'une chose, susceptibles de plus ou de moins, ce qui lui donnerait à peu près le même sens qu'au mot *qualités* indiqué plus haut ?

On pourrait peut-être poser en principe général cette règle, qu'il est bien dangereux d'établir toute une théorie sur un mot employé par le législateur et sur l'opposition qu'il semble présenter avec le sens d'un autre employé à côté. Il serait bien facile d'ailleurs de corroborer cette règle par l'indication de quelques exemples pris dans toutes nos lois, mais il est bien inutile de franchir les limites du texte de l'art. 423.

Comme l'ont si bien fait remarquer MM. Chauveau et Faustin Hélie [1], cet article fournit la preuve que souvent la rédaction des lois n'est pas soumise aux règles les plus

[1] *Théorie du Code pénal*, 2e édition, 6e volume, page 6.

sévères du langage. En effet, si une pierre *fausse* est vendue pour une *fine*, si du *strass* est vendu pour un *diamant*, peut-on dire, comme le dit le texte, qu'il y a tromperie sur la *qualité?* Est-ce que la tromperie ne porte pas alors sur l'objet tout entier, sur son identité, sur son essence? Si cependant le législateur a mis ici le mot *qualités* pour le mot *nature*, ou mieux même pour le mot *essence*, qui nous dit qu'une ligne plus bas il n'a pas mis le mot *nature* pour le mot *qualités?* Et, d'ailleurs, ne faut-il pas reconnaître, comme je le montrerai plus tard, avec quelques détails, que la nature d'un objet se compose bien de l'ensemble de ses qualités, et qu'il n'y a au fond rien d'incorrect à faire exprimer au mot *nature* l'ensemble de ses qualités?

Mais n'anticipons point. Ce ne sont là, me dira-t-on, que des présomptions et de l'argumentation, mais le fait reste. Le mot *nature* est opposé au mot *qualités* qui est si rapproché de lui dans le même article, et tant qu'une modification n'aura pas eu lieu dans le texte, il faudra respecter cette opposition. Je réponds que non, avec la discussion qui a eu lieu de cet article au moment de sa confection, et de laquelle il résulte invinciblement que l'on a voulu atteindre aussi bien les tromperies portant sur les *qualités*, la *qualité*, la *valeur* d'une marchandise, que sur son *identité*, et son *individualité propres*.

En effet, la commission du Corps Législatif, craignant la généralité des termes employés par l'art. 423 et le trop grand nombre de poursuites qui en pourraient résulter, s'exprimait ainsi dans ses observations: « Si cette disposi-
» tion, comme il est à présumer, s'étend sur la tromperie
» relative à la *qualité* ou *valeur* de toute marchandise, la
» mauvaise foi, la chicane peuvent s'en emparer et créer
» à chaque instant une multitude de procédures et de dé-
» nonciations. Les inconvénients dont on vient de parler
» n'existeraient pas au contraire, si cette mesure ne s'appli-

» quait qu'au défaut d'*identité* entre la marchandise vendue » et la marchandise livrée. Ainsi, si un individu a acheté » un cheval et qu'on ne lui livre pas le même, si on lui a » vendu du drap de Louviers et qu'on lui remette du drap » d'Elbœuf, le vendeur sera coupable de la tromperie que » l'on a en vue dans cet article, et la commission concluait » en disant : Si cette idée (à savoir que l'art. 423 ne doit » punir que les tromperies portant sur la *nature*, sur l'*iden-* » *tité* de l'objet), paraît conforme à l'esprit de l'article, on » pourrait ajouter ces mots : *sur la nature, ou l'origine ou* » *l'espèce de toute marchandise.* (¹). » Mais cet amendement fut repoussé au conseil d'Etat dans la séance du 18 janvier 1810 (²). »

Certes, voilà qui est clair ; la commission du Corps Législatif veut restreindre l'application de l'art. 423 à quelques hypothèses bien déterminées ; elle veut exclure les tromperies sur la *qualité* ou la *valeur* de la marchandise, elle ne veut voir prononcer une peine par les juges que dans le cas où il y a eu tromperie *du tout au tout*, quand on a donné une chose pour une autre. Pour aboutir à ce résultat, elle veut ajouter à l'expression *nature* qu'elle tient à circonscrire, les expressions : *origine*, *espèce* de marchandises ; mais cette rédaction est rejetée et l'on garde la première qui, d'après la commission du Corps Législatif, comprendra les tromperies relatives à la *qualité* et à la *valeur* de la denrée. Du moins, c'est ce qu'elle craignait, et le conseil d'Etat ne lui répond pas que ses craintes ne sont pas fondées ; mais qu'il faut bien au contraire que ces craintes se réalisent, et que toute espèce de fraude soit atteinte, qu'elle porte sur l'identité, sur la nature ou sur la qualité de la chose. Et que l'on ne vienne point soutenir que le conseil d'Etat a repoussé

(¹) Locré, 31ᵉ vol., p. 125-126.
(²) Locré, même volume, p. 133.

l'amendement sans y prendre bien garde. Ce qui prouve l'attention qu'il a portée à la confection de cet article, c'est que deux amendements avaient été proposés à la rédaction primitive par la commission, et tandis que l'un a été rejeté, l'autre au contraire a été adopté.

Mais c'est encore du raisonnement, dira-t-on, c'est de l'interprétation ; or, en matière pénale, quand il s'agit de priver un homme de sa liberté ou d'une partie de sa fortune, de le placer dans une situation défavorable et par conséquent exceptionnelle, il faut que ce soit le texte même qui frappe. Le commentaire puisé à la source la plus officielle, aux origines mêmes du texte ne saurait constituer un élément de répression.

A cette objection, trois réponses :

1° Sans doute, c'est bien une présomption légale que nul n'est censé ignorer la loi ; mais combien n'est-il point de textes de la loi pénale que l'on applique tous les jours avec la plus grande sécurité de conscience, tout en sachant qu'ils n'étaient pas bien connus du délinquant ?

2° Il ne s'agit point ici, Dieu merci, d'un de ces délits un peu conventionnels qu'une civilisation compliquée est obligée de prévoir et de réprimer. Il s'agit d'une tromperie sur un objet vendu, il s'agit d'un gain que l'on veut se procurer illicitement, d'un dommage que l'on espère porter impunément, en comptant bien que la terre dans laquelle sera enfermé l'engrais gardera en même temps le secret de la faute commise. La conscience suffit pour vous éclairer sur l'immoralité d'un pareil acte, et les précautions que prennent tous ceux qui commettent pareille fraude, les mensonges auxquels se livrent dans leurs prospectus ou leurs annonces les industriels qui trompent l'agriculteur, montrent bien qu'ils ont le sentiment d'une faute qu'il faut cacher à tout prix.

3° Enfin, si nous sortons de l'interprétation juridique des

textes et de ses règles rigoureuses, et que nous consultions le bon sens et les habitudes ordinaires du langage, je crois bien pouvoir affirmer que dans les espèces jugées par la Cour de Cassation, le public verra une véritable tromperie sur la *nature* et non pas seulement sur la *qualité* de la marchandise.

Prenons d'abord un exemple plus simple que celui des engrais, une vente de farines. Qu'un meunier vende pour de la farine pure un mélange de farine et d'amidon, qui dira que c'est là seulement une tromperie sur la *qualité*, qu'il y a encore de la farine de blé dans le mélange, et que par conséquent la *nature* du produit n'a pas été changée? Personne, du moins, je le crois. Pourquoi l'appréciation changerait-elle, parce qu'au lieu de farine, il s'agira d'engrais, et pourquoi dirait-on ou croirait-on, que le marchand qui vend un engrais avec de la tourbe quand il n'en doit pas contenir, ou contenant 40 p. 100 de phosphate de chaux quand il a été promis qu'il en contenait 60, n'a rien changé à la nature du produit et qu'il n'a trompé que sur la qualité, parce qu'il reste encore dans le produit une quantité quelconque du phosphate promis? Mais à ce compte-là, que faudra-t-il pour échapper à la répression si elle ne doit exister que lorsqu'on a transformé *complètement* le produit? il suffira de laisser dans ce produit une quantité infinitésimale de la substance promise, sauf à substituer à toute la quantité vendue, moins cette partie infinitésimale, une substance tout autre. La conscience se révolte devant un pareil résultat.

Aussi, la Cour de Cassation a reculé devant cette application de l'interprétation trop restreinte de l'article 423, et dans l'espèce de l'arrêt du 22 février 1861, elle a fait tomber sous l'empire de ce texte ce fraudeur qui n'avait laissé dans l'engrais qu'il vendait qu'un dixième de substance fertilisante, tandis qu'elle a laissé aller celui qui, dans l'espèce de l'arrêt de 1859, avait trompé sur la quantité de phosphate dans la mesure de 20 p. 100. Mais alors, est-ce bien là de la logique? peut-on voir là une doctrine bien arrêtée? une question de principes peut-elle devenir uniquement une question de chiffres?

Voilà le texte de la loi pénale rétabli dans son véritable milieu, interprété avec le bon sens, avec la raison; il faut voir maintenant pourquoi la Cour de Cassation répugne à cette interprétation, et si elle est parvenue à la repousser par de bonnes raisons.

Et d'abord, examinons l'arrêt du 30 décembre 1859, rapporté dans Sirey, 1860, 1, 590. — Dans l'espèce de cet arrêt, les sieurs *Heugé et Fratel*, marchands d'engrais, avaient placé ou fait placer sur un tas d'engrais, dans leur chantier, un écriteau portant : *Phosphate* 60 sur 100, et, en fait, l'engrais ne contenait que 40 p. 100 de phosphate de chaux. Quelques acheteurs se plaignent; et le ministère public, désespérant probablement de faire condamner ces fraudeurs à la peine édictée par l'article 423, et dont le minimum est de trois mois de prison, les traduit en police correctionnelle pour avoir contrevenu au § 2 de l'article 8 de la loi du 23 juin 1857 relative aux marques de fabrique, ainsi conçu : « Sont punis d'une amende de 50 à 2,000 francs et d'un emprisonnement d'un mois à un an, ceux qui, 1° ...., etc.; 2° ont fait usage d'une marque portant des indications propres à tromper l'acheteur sur la nature du produit. » La Cour de Rennes, le 2 août 1859, prononce la condamnation; mais la Cour de Cassation, saisie du pourvoi, casse l'arrêt de la Cour de Rennes, par des motifs de droit qui embrassent, dans leur interprétation, à la fois la loi de 1857 et l'art. 423 du Code pénal. — Attendu, y est-il dit, que les mots *nature du produit* de la loi de 1857 doivent s'entendre comme ceux de l'art. 423 du Code pénal, *nature de la marchandise*, non de la *qualité* du produit, mais de sa *nature même*, de *son essence*, de *son identité*, lorsque la chose est donnée frauduleusement pour ce qu'elle n'ayant jamais été, ou que par le mélange elle se trouve tellement *altérée*, que sa nature première a disparu et qu'elle ait été rendue impropre à l'usage auquel elle était destinée ; — Attendu que (suivent les faits que je viens de rapporter)..... D'où il suit que la Cour impériale de Rennes n'ayant constaté à la charge des prévenus *ni l'un ni l'autre* des éléments constitutifs du délit de tromperie ou de tentative de tromperie sur la nature du produit, l'application de la peine n'est pas justifiée ; Casse...

Pesons bien tous les termes de cette décision ; et s'il m'arrivait d'être trop minutieux dans mon appréciation, que la Cour de Cassation veuille me le pardonner. Je vis dans un pays où j'entends dire à chaque instant : *l'agriculture se meurt, l'agriculture est morte*, et j'essaie de trouver un remède pour guérir quelques-unes des douleurs de cette grande nourrice du genre humain, *alma parens hominum*. J'aime à croire que mes hardiesses, si j'en commets quelqu'une, trouveront là une excuse plausible.

Et d'abord, qu'il soit bien constaté que je ne critique point la Cour de Cassation pour n'avoir point appliqué la loi de 1857 ; je la combats seulement pour avoir formulé, à propos de la question qui lui était soumise, une interprétation erronée, selon moi, de l'article 423 du Code pénal. A mon sens, il n'y a pas moins de trois reproches que l'on peut adresser à cette décision et qui sont tous de nature à lui enlever sa valeur doctrinale.

En premier lieu, il ne fallait point confondre dans la même interprétation l'art. 423 du Code pénal et l'art. 8 de la loi de 1857 ; car la discussion qui a précédé l'adoption de chacun de ces textes établit entre eux une différence profonde malgré l'identité des termes employés. On se souvient, en effet, de ce qui est arrivé pour l'art. 423.

On se souvient de la présentation de cet amendement, qui voulait restreindre l'application de cet article au cas où il y aurait eu tromperie sur l'identité même de l'objet, et manifestait la crainte que la pénalité édictée ne frappât les fraudes relatives à la qualité ou à la valeur de la marchandise, et l'on sait que cet amendement a été repoussé; d'où il suit que l'article ne punit pas seulement les tromperies portant sur l'identité même de la marchandise. En 1857, au contraire, un député, M. Tesnière, placé en face du texte du projet qui, dans le 2e de l'article 8 parle de ceux qui ont fait usage d'une marque portant des indications propres à tromper l'acheteur sur la nature du produit, propose d'ajouter à la sévérité du texte. Il veut que l'article puisse s'étendre aux tromperies et tentatives de tromperie sur l'origine des produits ; mais la commission repousse cet amendement par l'organe du rapporteur M. Busson, en se fondant sur deux raisons. La première, qu'il ne faut pas compromettre la simplicité de la loi et aggraver l'inconvénient que l'on reproche déjà à l'article 8 ; en second lieu, qu'il sera souvent très-difficile de déterminer d'une manière nette, incontestable, le lieu d'origine ou de fabrication. Elle ajoute que des abus pourront sans doute se produire ; mais que le remède en est dans la faculté donnée au gouvernement de rendre la marque obligatoire dans certains cas exceptionnels. Ainsi, tandis que le rejet de l'amendement présenté à l'art. 423 indique qu'il faut appliquer rigoureusement son texte à presque toutes les tromperies, même portant sur la valeur ou la qualité, le rejet de l'amendement à l'art. 8 de la loi de 1857 implique au contraire cette idée qu'il ne faut pas être trop sévère dans l'application de la loi, qu'il est même dans l'esprit de cette loi de laisser quelques abus impunis.

Il importe donc peu que le législateur de 1810 et celui de 1851 aient employé la même expression : NATURE du produit. L'étendue à lui donner dans les deux situations prévues n'est point la même, et rien n'est plus juste, au fond, que cette différence d'interprétation. Dans le premier cas, celui de l'art. 423, il s'agit d'une tromperie réalisée, il faut être sévère, il faut embrasser, autant que faire se peut, toutes les tromperies. Dans le second cas, il ne s'agit que d'une tentative de tromperie, d'une manœuvre qui peut amener à la réalisation de la tromperie ; on peut être moins sévère et, sans inconvénient, ne point punir toutes les manœuvres destinées à opérer les tentatives de tromperie sur les qualités quelconques de l'objet.

Il faut donc distinguer là où la Cour de Cassation a confondu ; et il est bien certain qu'elle a confondu complètement les éléments de la théorie légale de la tromperie et de la tentative de tromperie, non-seulement dans les motifs, mais dans le dispositif de sa décision. En effet, n'ayant à se prononcer que sur une question de tentative de tromperie, puisqu'il s'agissait seulement de l'application de la loi de 1857, art. 8, dont l'exposé des motifs dit qu'il doit atteindre les tentatives de tromperie, tandis que l'art. 423 punit les tromperies, elle décide qu'elle ne trouve les éléments ni de la tromperie ni de la tentative de tromperie. Voilà mon premier reproche justifié.

En second lieu, je crois que la Cour suprême a pris un mauvais moyen d'interprétation, en voulant expliquer le mot *nature* de l'article 423, par son rapprochement avec d'autres expressions qui ne sont pas celles de la loi, et dont le sens devait modifier celui qu'a le mot *nature*, d'après les règles usuelles.

En effet, dit l'arrêt, le mot nature ne s'entend point de la *qualité* du produit, mais bien de sa *nature* même, *de son essence, de son identité ;* qu'est-ce à dire, si ce n'est que l'arrêt considère comme tout-à-fait synonymes les expressions *nature, essence, identité ?* Et, dès lors, cette précision posée, combien il était facile de conclure que l'engrais qui contient 40 p. 100 de chaux au lieu d'en contenir 60, comme cela était promis par les indications données publiquement, n'était point *essentiellement* différent de celui qui aurait contenu ces 60 parties, et qu'il n'y avait pas entre ces deux produits une différence complète *du tout au tout*, que par conséquent il n'y avait pas eu tromperie sur la *nature* de l'objet, mais seulement sur la *qualité* ?

Mais la prémisse n'est pas vraie. La *nature* d'un être n'est point son *essence* ; et il n'est pas utile de feuilleter beaucoup de livres de philosophie pour démontrer cette proposition. Qui connaît mieux les différences de ces deux expressions que les jurisconsultes, habitués tous les jours à distinguer dans un contrat ses conditions *naturelles* de ses conditions *essentielles ?* Pour prendre l'exemple le plus banal, est-ce qu'il n'est pas élémentaire de constater que l'obligation de la garantie dans le contrat de vente est *de la nature* de ce contrat, mais non point *de son essence ;* tandis que l'existence d'un objet et d'un prix, et l'accord des volontés sur ces deux choses, sont de l'*essence* même du contrat de vente? C'est-à-dire que, tandis que la vente peut parfaitement exister avec une clause de non garantie, elle ne saurait se concevoir sans les éléments qui viennent d'être rapportés ? Or, si c'est le langage employé tous les jours à l'école et au palais, pourquoi l'avoir oublié quand il s'agissait de tromperie sur les engrais ?

Il est de l'*essence* d'un engrais qu'il soit un engrais ; qu'il ait une vertu fertilisante quelconque ; et quand on publie qu'il doit avoir la vertu fertilisante parce qu'il renferme telle matière, il est de son essence qu'il renferme cette matière. Et si, dans l'espèce, il n'avait contenu aucune partie de la matière fertilisante qui était le phosphate de chaux, il n'eût plus mérité le nom d'engrais, il y aurait eu tromperie sur l'essence même de la marchandise. Ce n'est pas le cas ; il y a ici tromperie ou tentative de tromperie sur le dosage de l'engrais. Sa nature était d'être *riche* de 60 p. 100 de phosphate de chaux, il ne l'est que de 40 ; il a moins de puissance, sa nature est modifiée.

Mais ce n'est pas là seulement le langage du droit ; c'est celui de tout le monde et de tous les jours. Veut-on apprécier le caractère de quelqu'un, indiquer ses qualités principales, on parlera de son *naturel*, de sa *nature ;* on dira : c'est une nature bonne ou méchante, calme ou emportée. On ne dira jamais : l'essence de cette personne est d'avoir tel ou tel caractère. On dira au contraire : il est de l'essence de l'homme d'être sociable, ζῶον πολιτικόν, comme disait Aristote, parce que ce n'est pas, en effet, une qualité variable pouvant disparaître, c'est une manière d'être générale ; c'est un attribut *essentiel* de notre organisation.

On trouvera peut-être que c'est là une chicane de mots ; mais l'exemple de la décision discutée montre quelle importance il y a à employer le langage le plus correct. La Cour de Cassation a rapproché la *nature* et l'*essence* d'un *produit*, de façon à les identifier complètement. Est-ce avec une intention bien formelle, est-ce sans intention caractérisée que ces deux expressions ont été prises comme synonymes l'une de l'autre ? Je ne sais, et l'on pourrait peut-être essayer de faire admettre que cette dernière hypothèse est la vraie ; mais ce qu'il y a de certain, c'est que le rapprochement de ces deux expressions a fait rejaillir sur le mot *nature* la portée du mot *essence* et en a forcé le sens vrai. Ce qui le prouve, c'est l'emploi du mot *identité* qui est encore venu se placer là pour mieux caractériser encore ce sur quoi il fallait que la tromperie ou la tentative de tromperie portât pour que la loi pénale fût applicable. « Attendu, en effet, dit la Cour de Cassation, que » les mots *nature* de la marchandise de l'article 423 du Code » pénal, ainsi que ceux de la loi de 1851, doivent s'entendre

» non de la qualité du produit, mais de sa *nature*, de son » *essence*, de son *identité*. » Or ici, l'erreur est complète, manifeste, et nous sommes pour l'affirmer sur un terrain bien solide. La discussion au conseil d'Etat en 1810 montre que l'on a voulu repousser cette doctrine, qui tendait à n'admettre comme punissable que l'erreur sur l'identité.

Enfin, et c'est le *troisième* et dernier reproche que je formule contre cet arrêt, les principes qu'il pose se contrarient. En effet, après avoir dit qu'il faut une tromperie *sur l'essence et sur l'identité* du produit vendu, il déclare qu'il suffit que le *mélange l'ait altéré*. Mais, s'il n'y a que *simple altération*, il n'y a point différence *du tout au tout* : on n'a pas donné une chose pour une autre ; il n'y a pas enfin de tromperie sur l'*identité*. Il est vrai que la Cour ajoute que l'altération doit être telle que la nature première a disparu et que la chose ait été rendue impropre à l'usage auquel elle était destinée. Mais, si importante que l'on suppose l'altération, l'*altération* n'est jamais qu'une *diminution* de la puissance d'un objet, un amoindrissement qui ne fait pas disparaître l'identité, qui laise le *substratum*, l'*essence* intacts. Elle diminuera seulement les *qualités* de l'objet ; voilà tout. Donc au fond, la Cour de Cassation, en admettant l'altération comme suffisante, reprend l'idée qu'elle avait repoussée : à savoir que la tromperie sur les qualités mérite d'être punie ; donc elle se contredit.

Mais dira-t-on pour sauver cette contradiction, voyez, l'arrêt parle seulement d'altération de la nature première, il admet donc bien que l'essence ne disparaît point par l'altération. Cette manière de défendre l'arrêt serait admissible si son texte n'avait pas commencé à confondre complètement *la nature et l'essence*; cette première faute commise, il en faut subir les conséquences. L'arrêt est condamné à dire que l'altération de la nature vaut comme l'altération de l'essence, comme la tromperie sur l'identité ; or, comme l'altération n'est jamais qu'une diminution de qualités, nous arrivons toujours à ce résultat que la Cour, après avoir refusé de considérer la tromperie sur les qualités comme punissable, finit par l'admettre.

Il n'y aurait qu'un moyen de tourner cette difficulté, ce serait de dire que la Cour de Cassation n'a pas voulu poser de principe absolu, et qu'à son point de vue il suffit que les qualités d'un objet soient très-considérablement modifiées pour que, si l'essence *philosophiquement* n'est point changée, *pratiquement* il y en a assez pour que la tromperie soit bien caractérisée et mérite d'être punie ; mais alors quel arbitraire ? dans quelle mesure, dans quelle proportion faudra-t-il que l'altération ait lieu pour que la loi répressive s'applique ? faudra-t-il que la matière fertilisante soit remplacée complètement par une matière inerte ? mais alors c'est là la tromperie sur l'identité, sur l'essence, et il ne paraît pas que la question se soit jamais présentée dans ces termes ; car dans l'espèce de l'arrêt de 1861 il y avait encore un dixième de substance fertilisante, et la Cour décida qu'il fallait condamner.

Mais ce dernier chiffre doit-il être pris alors comme une base fondamentale et faudra-t-il que l'on soit arrivé à cette limite extrême, dans la tromperie, pour être condamné ? Sans doute, la Cour de cassation a répondu à cette question par deux fois, soit dans l'arrêt de 1859, que je viens d'examiner longuement, soit dans celui de 1864. Dans le premier, elle repousse, comme insuffisante, la tromperie qui porte sur un cinquième, et, dans le second, celle qui porte sur la moitié de la matière fertilisante spécialement promise ; mais du cinquième ou de la moitié, autrement dit des deux dixièmes ou des cinq dixièmes, pour raisonner sur les fractions énoncées dans l'arrêt de 1861, aux neuf dixièmes, il y a de la marge et le doute est possible dans l'étendue de cette marge, sur les intentions de la Cour de cassation. Dès que l'on aura dépassé les cinq dixièmes, dans la tromperie, sera-t-on puni ou faudra-t-il atteindre absolument les neuf dixièmes? Voilà où l'on en arrive forcément, quand on interprète la loi d'une façon qui n'est point conforme à ses véritables intentions, à sa véritable tradition.

Pour supprimer, au contraire, toutes ces difficultés et éviter cet arbitraire, que faut-il faire? Tout simplement, comme je le propose, interpréter le mot *nature* de l'article 423 dans le sens d'ensemble de qualités, et dès que quelques qualités, *promises surtout*, feront défaut, prononcer une condamnation. La loi est ainsi appliquée comme elle doit l'être; les tromperies sont punies, l'agriculture intelligente est rassurée, l'agriculture routinière commence à croire aux procédés intelligents, et les efforts du travail manuel, aidés par les combinaisons de la science, deviennent de plus en plus productifs.

Il me reste maintenant à apprécier les autres arrêts de la Cour suprême que j'ai mentionnés à la page 14, mais l'étendue de la discussion de celui de 1859 me permet d'être maintenant très bref.

Le 19 décembre 1860, la Cour de Rennes condamnait un marchand d'engrais qui n'avait laissé dans le mélange vendu qu'un dixième de substance fertilisante. Confiant probablement dans la jurisprudence de la Cour de cassation, cet honorable industriel se pourvoit en cassation pour deux motifs : le premier, tiré de ce que la tromperie n'avait porté que sur la qualité de l'engrais et que, par conséquent, il y avait eu, à son endroit, violation de l'article 423 du Code pénal qui ne punit, en général, que les tromperies sur la nature même de l'objet, et le second, tiré d'un vice de formes, qui a fait prononcer la cassation. Mais le premier moyen a été rejeté par les motifs suivants : « Attendu qu'il » est constaté, par l'arrêt attaqué, que les engrais vendus » par le prévenu, loin de féconder les champs, semblent les » avoir frappés de stérilité, puisque la récolte a été nulle;

» qu'ils ne contiennent qu'un dixième seulement de sub-
» stance fertilisante, et que, composés comme ils l'étaient,
» ils ont trompé les acheteurs sur leurs résultats; que si
» l'article 423 du Code pénal ne s'applique, en général,
» qu'aux tromperies sur la nature et non point à celles sur
» la qualité de l'objet; on ne saurait considérer comme une
» simple tromperie sur la qualité, celle qui a tellement altéré
» la chose que sa nature première a disparu ou qu'elle a été
» rendue impropre à l'usage auquel elle était destinée; qu'il
» y a tromperie sur la nature même de cette chose quand
» elle a été dénaturée par une mixtion frauduleuse et que
» les éléments étrangers qui lui ont été mélangés lui ont
» enlevé son caractère propre et ses effets. »

Sans doute, la Cour paraît avoir voulu que le prévenu fût condamné, parce qu'elle a été impressionnée par ce fait constaté par la Cour de Rennes, que l'engrais vendu, loin de féconder les champs, semblait les avoir frappés de stérilité; mais il faut constater aussi qu'elle est arrivée à ce résultat juste et juridique, parce qu'elle a admis sur l'article 423 une interprétation bien plus vraie que celle qu'elle émettait en 1859.

Ici l'on ne parle plus de l'identité de la nature et de l'essence d'un objet; on admet, au contraire, que la nature est l'ensemble des qualités *ordinaires* et non point *essentielles* d'un objet, que l'altération des qualités d'un objet vaut modification de la nature, et surtout, l'on ne dit plus que l'article 423 ne punit que la tromperie sur l'identité même de l'objet. La Cour de cassation fait donc un pas vers notre doctrine; pourquoi, malheureusement, ne le fait-elle que quand la tromperie sur l'engrais constitue *la lésion la plus énorme* et recule-t-elle devant l'application de cette interprétation quand la tromperie ne porte que sur la moitié ou un peu plus même de la moitié des matières fertilisantes promises?

C'est ce qu'elle fait dans l'arrêt du 8 avril 1864, cité page 14 et rendu dans les circonstances que voici : Un sieur Renault vend pour *du guano pur du Pérou*, *monopole garanti*, un mélange composé, pour moitié, de guano pur du Pérou, et pour moitié, de guano de qualité inférieure, dit; *guano des îles du Phénix et du Pérou*. La Cour de Paris, par arrêt du 11 décembre 1863, juge avec infiniment de raison, selon nous, que le mélange substitué par le prévenu au Guano pur du Pérou a eu pour effet de modifier les éléments fertilisateurs naturels et substantiels de cet engrais, et d'en altérer, dans la proportion de plus de moitié, le principe distinctif. Mais la Cour de cassation, saisie du pourvoi, ne dit plus, cette fois, comme dans l'affaire précédente, que l'altération des qualités d'un objet équivaut à la modification de sa nature; elle revient malheureusement à l'assimilation entre la nature et l'essence de l'objet, et elle casse la décision de la Cour de Paris par les motifs suivants : Des constatations de l'arrêt, dit-elle, résulte que Renault a seulement *amoindri les qualités* de l'engrais, mais non *dénaturé dans son essence* la marchandise vendue; qu'il n'y a dans son fait qu'une modification et non une altération de la *substance* vendue poussée jusques au point de la dénaturer; et dès lors l'article 423 ne doit point recevoir son application, parce qu'il faudrait pour cela que la marchandise vendue ait été donnée pour ce qu'elle n'a jamais été, ou qu'elle ait été tellement altérée que sa nature première ait disparu ou qu'elle ait été rendue impropre à l'usage auquel elle était destinée. Voilà pour l'article 423.

Elle ajoute que les matières mélangées au Guano pur du Pérou n'étant pas des matières inertes, mais des engrais d'une nature inférieure, on ne saurait appliquer la loi du 1er mars 1851, parce que l'on ne peut voir dans les faits constatés une tromperie sur le poids ou le volume des marchandises livrées.

Ici me paraissent plus évidentes que jamais les erreurs d'interprétation de l'article 423. D'où peut-on conclure qu'il faut, pour l'application de ce texte, que l'objet ait été *dénaturé dans son essence* et qu'il y ait *altération de la substance* poussée jusques au point de dénaturer la chose vendue? Qu'on me permette cette expression qui vient, tout naturellement, sous ma plume à côté de celle dont la Cour de cassation me paraît avoir abusé, est-ce que le texte de la loi pénale n'a pas été ici bien *dénaturé?* Ah! sans doute, il ne faut pas changer le texte d'une loi pénale pour l'étendre, par analogie, à des cas qu'elle ne prévoit point. *Non torquendæ sunt leges ut torquantur homines.* Mais il ne faut pas, non plus, la torturer, la détourner de son sens propre pour faire obtenir, à l'aide de ces opérations plus graves que celles que caractérisait Horace en parlant des mots *parcè detorta*, l'impunité à des faits que la morale réprouve bien certainement, que l'utilité sociale ne peut laisser impunis et que le législateur ne saurait avoir laissés dans l'ombre.

En vérité, la position faite aux fraudeurs sur les engrais par la Cour de cassation est par trop commode, et il leur est bien facile d'échapper à toute espèce de peine, tout en s'enrichissant. Les procédés à employer pour éviter tout désagrément leur ont été complaisamment fournis, et je soupçonne que les vendeurs d'engrais doivent s'être rédigé, dans leur intérêt, un Code bien clair et bien facile à retenir. Deux articles doivent le composer.

Article 1er. Pourvu que l'on substitue une matière ayant une vertu fertilisante quelconque à celle qui a été promise, quand même l'amoindrissement de la qualité serait très considérable, on peut éviter toute peine; de telle façon que tous les engrais solides peuvent être sophistiqués à l'aide de matières de nulle valeur, ou à peu près, mais n'étant pas absolument inertes.

Article 2. Quant aux engrais liquides, il faut se garder

seulement d'amoindrir leur vertu fertilisante avec une addition d'eau, surtout quand l'amoindrissement ne laisse plus qu'un dixième de matière fertilisante, et même quand les ⅔ sont encore demeurés.

Soyons justes, en effet, envers la Cour de cassation. Dans un arrêt du 6 août 1857, elle a décidé qu'il y avait lieu à appliquer, sinon l'article 423 du Code pénal, du moins l'article 1er, no 3 de la loi de 1851, au fait du vendeur d'engrais humain qui, en ajoutant un tiers d'eau à la vidange, avait eu l'intention d'en augmenter le volume et de se donner ainsi le moyen de livrer à ses acheteurs les deux tiers seulement de la marchandise par eux achetée, tout en paraissant leur en offrir la totalité. Mais, à part cette précaution bien facile et peu coûteuse à prendre, de remplacer l'eau par un liquide qui ait la moindre valeur fertilisante, les tromperies sur les engrais liquides demeureront aussi impunies que les tromperies sur les engrais solides.

Voilà le résultat forcé de la jurisprudence de la Cour de cassation; et c'est bien en vain que quelques Cours et notamment celle de Douai résistent avec énergie et appliquent, le plus qu'elle peuvent, l'article 423. Les fraudeurs qui organisent en grand leurs tromperies ont bien le moyen d'aborder la barre de la Cour suprême et la résistance des Cours est brisée. Cependant, la Cour de cassation a aussi bien horreur de la fraude que les autres Cours de France; pourquoi donc persiste-t-elle à interpréter aussi étroitement l'article 423?

Ne serait-ce point qu'au fond elle croit peu aux méthodes nouvelles de l'agriculture? Ne serait-ce point que les plus grands jurisconsultes consentent peu à ajouter foi aux préceptes de la science économique, en général, et de toutes les sciences qui l'avoisinent, comme l'économie agricole notamment? Et n'y a-t-il point un véritable enseignement à puiser dans ce fait que c'est précisément la Cour de Douai, placée dans ce beau département où l'agriculture intelligente et bien outillée se sert des engrais comme d'un des moyens les plus puissants de production, qui déploie le plus d'énergie pour l'application de l'article 423 du Code pénal ? Ah! qu'il est grand temps que tous les légistes comprennent que décidément le droit et l'économie politique sont deux sœurs et qu'elles doivent s'aider mutuellement dans leur action sur les faits sociaux! — la voie est ouverte, sans doute, à ces idées-là; mais que de pas à faire encore!...

Arrivé à ce point de mes conclusions, et par cela seul que je les formule ainsi dans l'intérêt de l'économie politique et de sa propagation, je sais bien que j'affaiblis, un peu, la portée juridique de ma dissertation. L'on sera disposé à me dire, sans doute : Mais si vous tenez, à ce qu'il paraît, autant au triomphe des principes économiques qu'à ceux des principes juridiques, pourquoi demander uniquement la réforme de la jurisprudence ? Pourquoi ne pas vous associer au vœu de ceux qui pensent que l'article 423 a besoin d'être rajeuni et complété par un seul mot, celui de *qualités* ajouté ou substitué à celui de *nature* de marchandises, et ne pas solliciter plutôt un changement dans la législation qu'une volte-face de la jurisprudence ? J'avoue, fort ingénûment, que je tiens avant tout au résultat à obtenir, c'est-à-dire à la répression des fraudes dans le commerce des engrais et que je ferais bon marché du moyen à prendre pour arriver à cette conséquence si universellement désirable.

Mais, d'abord, il m'a semblé qu'il était bon de mettre en lumière la discussion de l'article 423 qu'on avait, je crois, un peu oubliée, ne fût-ce que pour montrer, encore une fois de plus, ce qu'il faut avoir, à mon sens, d'estime et de respect pour ce mode d'interprétation, souvent trop négligé, qui consiste à aller puiser aux sources mêmes de la création des textes. Puis, les réformes législatives sont toujours un peu difficiles à obtenir, tandis que les revirements de jurisprudence paraissent plus à la portée d'un désir raisonnable, quand on a vu la Cour de cassation abandonner si récemment ses premières idées sur la nature des reprises de la femme ou sur l'imputation des legs faits en avancement d'hoirie en faveur de l'enfant renonçant.

Puis enfin, j'ai tellement entendu dire autour de moi par les jurisconsultes les plus autorisés, sans cependant partager toutes leurs appréhensions, que rien n'était plus dangereux que ces remaniements de textes faits partiellement et sans vue d'ensemble, que je me sentirais presque coupable de solliciter de pareilles réformes, pour tant convaincu que je sois que ma voix mérite d'avoir peu de retentissement et d'obtenir peu d'influence.

II.

Le privilége concédé par l'art. 2102 du Code Napoléon aux fournisseurs des semences et aux frais de récolte doit comprendre les fournitures d'engrais.

Il ne faut pas se dissimuler que cette proposition est plus difficile à faire accepter que celle qui vient d'être développée. La première contente le sens moral, et si elle peut soulever de fort sérieuses objections au point de vue de l'interprétation de la loi pénale, du moins elle satisfait la conscience. Bien certainement celle-ci ne la révolte point ; car, comme le disait la Cour d'Amiens, elle s'appuie sur des raisons *qui paraissent tout-à-fait équitables* ; mais il est impossible d'oublier, en la lisant, le caractère exceptionnel des priviléges, et de ne point se souvenir que l'art. 2102 ne comprend point textuellement la créance de fournitures d'engrais dans les créances privilégiées.

D'autre part, même celui qui n'est point familiarisé avec les textes de la loi civile ou leur interprétation, peut s'armer immédiatement contre la thèse qui va être soutenue d'une impression défavorable dont la formule se présente naturellement à l'esprit : comment pouvoir admettre que le législateur de 1804 ait songé à donner un privilége aux fournisseurs d'engrais? Ces sortes de dépenses, au moment de la confection du Code, étaient presque inconnues en agriculture. Je cours au plus pressé et m'attaque immédiatement à cette impression.

Je crois, en effet, que c'est la vraie tactique à suivre quand l'on veut, au moins, se faire écouter ou lire par ses adversaires. Si l'on ne s'empresse pas d'ébranler au profit de son opinion cette première impression qui vous est défavorable, ce n'est qu'une attention bien distraite que prête à votre argumentation celui que vous voulez essayer de convaincre.

Eh bien! c'est aller beaucoup trop loin et ne rien prouver, parce que l'on prouverait trop, que de croire qu'un texte de loi ne peut être appliqué en toute sécurité, que quand on a la certitude que le législateur a eu en vue, au moment de la confection de la loi, tous les cas d'application du texte qu'il a édicté. Ceci est élémentaire; on sait bien que le législateur généralise, et, pourvu que la raison de la règle posée par lui s'applique sérieusement, même à des besoins nouveaux, même à des institutions dont on ne pouvait pas soupçonner l'existence, et qui n'avaient pas par conséquent reçu encore le baptême d'une dénomination, il ne faut pas s'arrêter à ces circonstances qui sont indifférentes au fond. *Ubi est eadem ratio, idem jus esse debuit.* La logique le veut, et elle n'est pas une affaire de date ou de mots ; il faut savoir aller au fond des choses.

Que de textes existants il aurait fallu transformer! que de textes il aurait fallu ajouter, si l'on avait été dans la nécessité de suivre les conséquences pratiques de l'impression que je combats ! Au contraire, que de dispositions de notre Code Napoléon on a pu conserver, parce que tout le monde les considère comme régissant très-valablement des situations juridiques avec lesquelles il était cependant impossible de compter quand le Code Napoléon a été rédigé !

Est-ce que le législateur de 1804 a pu songer à l'importance des fortunes mobilières actuelles, quand il a réglé la composition de l'actif de la communauté et y a fait entrer les meubles comme choses peu importantes ? Est-ce qu'il pouvait se douter que l'art. 2279, sur les choses perdues ou volées, s'appliquerait jamais à des titres au porteur, à des coupons d'actions ou d'obligations ? Qui aurait pu présumer, en 1804, que le privilége du vendeur, régi par l'art. 2102, recevrait son application dans les ventes d'offices dont l'existence remonte seulement à la loi du budget de 1816 ?

Enfin, pour rentrer tout-à-fait sur le terrain de la discussion actuelle, mes adversaires iraient-ils jusques à soutenir que l'alinéa de l'art. 2102, qui parle des *frais de récolte*, ne peut pas comprendre les salaires de ceux qui auront fait le battage du blé à la mécanique, parce que les machines à battre n'étaient point connues au moment de la confection du Code Napoléon ? Non, évidemment, ils reculeraient devant cette conséquence de leur première impression.

Mais si l'impression défavorable à ma thèse tombait, et je crois qu'il n'y a pas grande témérité à l'espérer, resterait maintenant l'argument juridique tiré du caractère restrictif du privilége. Et c'est ici que la lutte s'engage sérieusement.

Dans son arrêt du 7 novembre 1857 (Sirey, 1858, 1, 44), la Cour de Cassation a dit, en résumant sa doctrine sur la question posée, que si le législateur avait voulu accorder un droit de préférence en faveur des sommes dues pour engrais, il eût été nécessaire qu'il exprimât *formellement* son intention, comme il l'a fait pour les semences et les frais de récolte; ce qui revient à dire que la créance pour engrais aurait dû être mentionnée tout spécialement par son nom pour être privilégiée. Est-ce bien là la vraie doctrine en matière de privilége? Est-ce bien là la conséquence forcée de cette règle que les priviléges sont de droit étroit et ne sauraient être étendus d'un cas à un autre?

J'en demande pardon à la Cour de Cassation; mais s'il en était ainsi, est-ce que jamais une question pourrait se présenter sur le point de savoir si l'on a droit à un privilége? A moins que l'on ne fût fou, ou que personne ne sût lire et ne pût conjurer l'ignorance de ceux qui sont privés de ce moyen fondamental d'instruction, qui jamais songerait à plaider pour faire décider quel est le champ d'application d'un privilége, puisqu'il suffirait de chercher dans le Code, comme dans une table alphabétique, pour savoir si tel mot y est, et que l'on serait forcément forclos si tel mot qualifiant votre créance ne s'y trouvait point?

Telle ne peut pas être la vraie doctrine juridique. Il est vrai qu'il n'est pas permis non plus d'interpréter favorablement et largement un texte qui donne un privilége, de façon à l'appliquer à des cas, ou semblables aux cas prévus par la loi, ou analogues ou à peu près analogues. Voilà l'autre écueil à éviter; mais n'y a-t-il point un *juste* milieu, en prenant ici le mot *juste* dans son sens latin (*justum, secundùm jus*) à rencontrer entre ces deux points extrêmes? A mon sens, il y en a un, et le voici :

Sans doute, la ressemblance ne suffit point pour étendre le privilége du cas prévu textuellement au cas non prévu, l'analogie encore moins; il faut bien plus, il faut l'*identité* de situation. Mais si c'est une condition nécessaire, c'est aussi une condition suffisante; peu importe que la créance ne soit pas nommée dans la loi du nom grammatical qu'il faudra lui donner pour être compris de tous; si la *chose* y est sans que le *mot* y soit, il ne faut pas hésiter à concéder le privilége. Est-ce que nous sommes encore sous l'influence des formules? Est-ce que nous sommes encore sous l'application de la loi des XII Tables, qui voulait que l'on parlât absolument d'*arbres coupés*, *arbores cæsas*, pour que l'on pût intenter l'action tendant à obtenir un dommage pour des vignes brisées?

Et, pour ne pas prendre mes exemples trop loin, est-il essentiel, pour soumettre des biens à un régime d'exception aussi exorbitant cependant que l'inaliénabilité des fonds dotaux, d'employer les mots sacramentels *régime dotal?* Faut-il, quand l'on veut restreindre l'hypothèque légale de la femme à tel ou tel bien du mari, dire expressément que l'hypothèque ne sera prise que sur tel ou tel bien? Non, il suffit que l'intention des parties soit bien constante; mais il est inutile que l'expression donnée à cette volonté soit enfermée dans une formule cadencée et rhythmée de telle ou telle façon. Or, ce que le législateur permet aux parties, il faut penser que le législateur se l'est permis à lui-même, et que c'est entrer dans le fond de sa pensée que de vouloir, en son nom, dans une hypothèse identique à celle qu'il a posée, ce qu'il a voulu expressément à ce moment-là.

Je m'enferme donc volontairement dans un cercle inflexiblement rigoureux. Il faut, pour que j'aie gagné mon procès contre la Cour de Cassation, démontrer que ces expressions de la loi : *frais de la récolte*, comprennent sans efforts, sans avoir nullement besoin d'être torturés, tous les frais exposés pour faire aussi bien *pousser* la récolte que la *recueillir* ou la *conserver*. Je suis d'accord avec la Cour de Cassation pour les deux derniers points, car elle admet, et vraiment l'on doit s'en étonner en face de la rigueur d'interprétation qui vient d'être rappelée, que la *conservation* même de la récolte est comprise dans ces mots : *frais de récolte.* Son exemple m'enhardit aussi à croire que, même en matière de privilége, il faut savoir lire un peu au-dessous des textes, sans s'arrêter exclusivement à leur écorce.

Je vais donc essayer de montrer comment il me semble qu'il faut lire l'alinéa du 1° de l'art. 2102, en l'éclairant d'ailleurs un peu par l'histoire. Mais pour abréger la discussion de la jurisprudence de la Cour de Cassation, en la confondant avec l'examen détaillé du texte, il est essentiel de transcrire d'abord les termes de l'arrêt du 9 novembre 1857 :

« Attendu, dit la Cour suprême, sur le moyen unique du » pourvoi, tiré de la prétendue violation du § 4, n° 1, de » l'art. 2102 du Code Napoléon, que les dispositions de ce » paragraphe, portant que les sommes dues pour les semen» ces ou pour les frais de la récolte de l'année sont payées » sur le prix de la récolte par préférence aux propriétaires, » sont claires et précises ; — qu'elles n'établissent un droit » de préférence que pour les sommes spécialement dues » pour semences et pour frais de récolte ; que les expressions » *sommes dues pour semences* ne *peuvent s'entendre*, suivant » leur sens naturel, que des sommes dépensées et dues par » le fermier pour le prix du froment, seigle ou autres » céréales confiées à la terre ; et les expressions *sommes* » *dues pour frais de récolte de l'année*, que des sommes » dépensées et dues pour moissonner, battre le blé ou » autres récoltes et les mettre en sûreté ; — que ce serait » forcer le sens de ces termes que de leur donner une » signification telle, qu'ils comprissent toutes les sommes » qui auraient été dépensées, afin d'obtenir une meilleure » récolte, par conséquent celles pour engrais répandus sur » le sol avant les semences ; — que si le législateur avait

» voulu accorder un droit de préférence pour les sommes » dues pour engrais, il eût été nécessaire qu'il exprimât » formellement son intention, comme il l'a fait pour les » semences et les frais de récolte ; — qu'un droit de privi- » lége et de préférence ne s'induit pas d'un cas à l'autre; » qu'en l'absence d'une disposition expresse, les droits de » privilége et de préférence doivent être restreints aux cas » prévus ; — qu'en le jugeant ainsi, l'arrêt attaqué a fait » une juste application du § 4, n° 1 de l'art. 2102 du » Code Napoléon, rejette, etc. »

Rapprochons maintenant de cette interprétation le texte interprété : « Néanmoins les sommes dues pour les semen- » ces *ou* pour les frais de la récolte de l'année, sont payées » sur le prix de la récolte, et celles dues pour ustensiles » sur le prix de ces ustensiles, par préférence au proprié- » taire, dans l'un et l'autre cas. » Et ces deux éléments de la discussion étant ainsi mis en présence, examinons si, en effet, c'est forcer outre mesure le sens des termes qui ont été employés par la loi, que de leur faire comprendre la créance des engrais qui ont fort aidé à la production de la récolte.

Je voudrais bien ici, comme dans l'étude de ma première proposition, chercher quelques lumières dans les travaux préparatoires du Code Napoléon; mais ils sont malheureusement tout-à-fait muets sur la partie de l'art. 2102 dont je m'occupe. Il ne faudrait pas cependant aller jusques à croire que cette disposition soit passée complètement inaperçue, soit au conseil d'Etat, soit au Tribunat; mais il est assez piquant de faire remarquer que l'on ne s'est occupé de la rédaction de l'alinéa en question qu'au point de vue purement grammatical. La section de législation au Tribunat, le considérant à la loupe probablement, n'a proposé que deux modifications en la forme : la première consistant à dire : les sommes sont payées sur le prix de la récolte au lieu de : *des récoltes*, et la seconde se contentant de dire *par* préférence au lieu de : *de* préférence (1).

Aussi, puisque l'énonciation des motifs nous manque, ainsi que l'histoire de la rédaction du texte, c'est le cas d'insister avec plus de soin sur la portée des expressions employées par la loi.

Il faut d'abord remarquer que le texte ne contient pas une énumération de créances *spécialement* privilégiées, et qu'il ne semble point dès lors qu'il ait voulu poser une règle taxative. Il dit d'une façon large, et en parlant au pluriel : seront privilégiées *les sommes* dues pour les semences ou *pour les frais* de la récolte de l'année. C'est donc un ensemble, un faisceau de créances qui se trouve ainsi désigné par l'expression la plus compréhensive ; *les sommes.* Or, comme tout produit employé à l'industrie, tout salaire peut être évalué en *monnaie ou somme d'argent* ; ces expressions ne laissent vraiment en dehors aucune créance de ceux qui ont tourné leurs efforts vers la production d'une récolte.

Ce premier coup d'œil s'assure d'ailleurs davantage quand on songe que la même raison a fait admettre le privilége de ceux qui ont fourni les ustensiles, à savoir, la faveur due à ceux dont les avances ont permis à la moisson de prendre naissance, et que l'on remarque aussi la généralité des termes employés dans ce second cas : *ustensiles.* Quelle large dénomination qui comprend à la fois les outils les plus simples et les machines les plus savamment combinées ! L'on va se récrier peut-être devant ces dernières expressions ; mais il est bien facile de répondre à ces récriminations par le souvenir des définitions les plus banales de l'outil et de la machine. Tout ce qui aide à l'activité de l'homme, tout ce qui est en dehors de ses armes naturelles est compris dans cette double expression, et la différence

(1) Voir Locré, t. XVI, p. 314.

des termes indique à peine une nuance entre ce qui est un auxiliaire assez puissant et ce qui est un auxiliaire moins puissant. Une différence de quelques années, une distance entre deux degrés assez rapprochés de civilisation peut seule souvent servir à séparer l'outil de la machine. Ce qui est un simple outil chez l'homme civilisé est une machine compliquée pour l'homme encore peu avancé : en un mot, la machine est un outil perfectionné, l'outil est une machine simple.

Voilà donc un premier point acquis ; la loi s'est servie d'un langage qui embrasse certaines créances prises en bloc, *in genere ;* elle ne parait pas avoir voulu poser des espèces particulières avec des dénominations spéciales. Cette simple précision répond à ce que dit la Cour de Cassation à la fin de son arrêt, que si le législateur avait voulu accorder un droit de préférence pour les sommes dues *pour engrais*, il eût été nécessaire qu'il exprimât formellement son intention, comme il l'a fait pour les semences et les frais de récolte. Cette argumentation ne serait vraie que si le législateur s'était servi de termes destinés à spécifier certaines créances de producteurs, bien circonscrites et cataloguées pour ainsi dire ; or, les plus petits détails du texte que je relève, sans vouloir cependant m'y arrêter trop subtilement, sont exclusifs de l'intention d'énumérer rigoureusement. Il est permis, en effet, de constater que la loi ne dit point : sommes dues pour semences *et* pour frais de récolte, mais bien pour semences *ou* pour frais de récolte ; ce qui revient à dire : telle *ou* telle autre, *ou* peut-être bien encore telle autre encore, car une disjonctive n'a jamais passé pour être une limite bien infranchissable. Mais n'allons pas trop loin, *qui trop prouve ne prouve rien*, et voulant user plus d'une fois de cet axiome contre la jurisprudence de la Cour de Cassation, il faut que je me garde de tomber sous son application.

Reprenons donc l'étude des termes de la loi : *Sommes dues pour semences.* A quelles créances ces mots font-ils une allusion directe? Ici les définitions du dictionnaire peuvent avoir une grande importance. On appelle semence en général (dictionnaire de Bescherelle) tout ce qui se sème par les mains de l'homme ou naturellement : *grains, graines, noyaux, pépins.* Pourquoi donc la Cour de Cassation dit-elle que les expressions : *sommes dues pour semences* ne peuvent s'entendre, suivant leur sens naturel, que des sommes dépensées pour le prix du froment, seigle ou autres *céréales* confiées à la terre? La céréale se définit : une plante portant des épis et appartenant aux *graminées* ; et dès lors, en suivant le même mode d'interprétation, l'arrêt du 9 novembre 1857 aurait refusé le privilége aux fournisseurs de semences de plantes textiles; et où serait cependant la raison plausible d'en agir ainsi vis-à-vis de fournisseurs de semences très-précieuses et pouvant fournir des revenus fort considérables?

Que l'on ne se méprenne pas cependant sur mes véritables intentions. Je ne veux point faire rentrer les engrais dans l'expression de *semences.* Certes, on le pourrait sans scrupule, s'il était permis de croire que le législateur a aimé à parler un langage poétique et figuré, et qu'il se souvenait, en édictant l'art. 2102, des vers où Louis Racine veut caractériser la puissance de Dieu par ses œuvres, et où il s'écrie :

> J'y reconnais un maître à qui rien n'a coûté,
> Et qui dans nos déserts a *semé* la lumière,
> Ainsi que dans nos champs il *sema* la poussière.

Mais un pareil répondant ne saurait, je le reconnais, autoriser une telle interprétation.

Il est vrai, toutefois, qu'en raisonnant beaucoup plus terre à terre, l'annotateur de l'arrêt de 1857, dans Sirey,

M. Massé probablement ([1]), croit pouvoir affirmer qu'il faut entendre ces mots : *sommes dues pour les semences*, comme si l'on avait dit : sommes dues pour *faire les semences*, c'est-à-dire pour mettre le grain en terre ; et que, dans ces sommes, figure non seulement le prix de la semence, mais encore le prix des engrais, parce que l'un n'est pas moins nécessaire que l'autre. Il y a là une hardiesse de langage trop grande ; l'engrais ne peut vraiment être tout-à-fait assimilé à une graine jetée en terre, et il est bien hasardé de dire que l'engrais est aussi utile que la graine, quand il y a encore plusieurs départements en France où j'aime à croire qu'il pousse quelques récoltes, et où cependant les engrais, au moins les engrais industriels, ne sont point encore employés.

Ce qu'il faut au contraire soutenir fermement à mon avis, c'est que tout naturellement les expressions *frais de la récolte* comprennent les fournitures d'*engrais*. Voilà la formule qui embrasse dans sa généralité la créance des sommes dues pour cette fourniture qui, sans être indispensable, augmente singulièrement la production ; et encore ici il faut procéder par définitions grammaticales.

Qu'est-ce que c'est que la récolte ? C'est le produit obtenu par les procédés d'une bonne économie rurale. Sans doute, les dictionnaires nous apprennent que le mot récolte veut dire à la fois et *action* de *recueillir* et *produit recueilli ;* mais il est évident que ce dernier sens est celui dans lequel la loi emploie ce mot, puisqu'elle dit dans le même alinéa que telles ou telles sommes sont payées sur *le prix* de la récolte. Il s'agit donc ici du produit.

Mais qu'est-ce que les frais d'un produit, si ce n'est les frais de production qui ont servi à créer le produit ? Or, est-il difficile de démontrer que les engrais servent à créer

([1]) Voir Sirey, 1858, I, 49, à la note.

le produit ? Non, évidemment, et il suffit de se référer aux idées énoncées en tête de ce travail.

Prenez garde cependant, dit l'arrêt de la Cour de Cassation. D'abord les expressions *frais de récolte* ne s'appliquent qu'aux sommes dépensées et dues pour *moissonner*, *battre* le blé ou autres récoltes, ou les *mettre en sûreté* ; toutes les sommes dépensées auparavant pour mettre à même de moissonner, pour faire venir le produit, ne sauraient être comprises dans ce mot. Ensuite, si l'engrais sert à obtenir une *meilleure* récolte, il ne crée point la récolte ; il l'augmente, mais ne la produit point. Ce sont les termes mêmes employés par l'arrêt du 9 novembre 1857. Que de réponses, et que de réponses simples et faciles à cette double proposition !

En premier lieu, la Cour de Cassation a-t-elle bien songé que son interprétation si étroite des mots *frais de semences* exclurait même les frais de labour et les salaires des valets de labour, c'est-à-dire de ceux qui ont été les premiers auteurs de la récolte en fouillant le sol de leur bêche ou en conduisant les animaux qui ont traîné la charrue ? Je crois que jamais elle n'a été appelée à résoudre directement la question ; mais qui pourrait la suspecter d'adopter une opinion aussi injustement restrictive ? Ce que l'on peut affirmer du moins, c'est que son premier président a depuis longtemps enseigné dans son *Commentaire des priviléges et hypothèques* (1) que les gens de labour devaient avoir, sous le Code Napoléon, le privilége que leur conférait la coutume d'Orléans, au rapport de Pothier, pour les quatre mois courus depuis la saint Jean jusques à la Toussaint ; quatre mois, qui, suivant les propres expressions du même auteur, leur étaient payés sur le pied d'une demi-année *à cause de la force du travail* (2).

(1) Voir t. Ier du *Commentaire des priviléges et hypothèques*, n° 166.
(2) Voir Pothier, édit. Bugnet, IVe vol., pag. 91.

Mais est-il essentiel de deviner quelle est sur ce point l'opinion de la Cour de Cassation ? Dès qu'elle admet que l'expression *frais de récoltes* peut s'entendre même des frais de *conservation, de mise en sûreté de la récolte*, il n'est pas possible qu'elle veuille jamais s'exposer au reproche sévère de contradiction flagrante qui l'atteindrait, si elle repoussait le privilége des *frais de labour* qui touchent de si près à la création de la récolte, tandis que les autres s'en éloignent considérablement.

Combien, en effet, est élastique ce mot de *mise en sûreté* ! que ne pourrait-on point y faire rentrer, et les frais de vannage, d'aération, de chaulage du blé, et probablement aussi les frais de serrure et de garde du grenier à blé ; que sais-je, moi, toute espèce enfin de frais de conservation ? Et le labour serait exclu du partage ? c'est impossible. D'ailleurs, quelle injustice flagrante il y aurait à procéder ainsi ! Le marchand de grains, qui peut assez souvent supporter une perte à cause de l'importance de son commerce, serait privilégié, et le laboureur qui n'a qu'un maigre salaire ne jouirait pas de la même protection ! Donc, la Cour de Cassation est obligée de privilégier les frais de labour, elle doit le vouloir, elle le veut implicitement, et par une raison *à fortiori* tirée de ce qu'elle privilégie les frais de mise en sûreté de la récolte. Et que devient alors la conclusion de sa théorie énoncée dans l'arrêt que j'examine : à savoir que, puisque le mot *engrais* n'est pas dans la loi, il ne faut pas l'y faire entrer de force ? Est-ce que les mots *frais de labour* y sont ? est-ce que surtout ceux de *mise en sûreté* s'y trouvent ?

Et maintenant, en second lieu, pour répondre à cette idée que l'engrais ne sert qu'à *augmenter* la récolte, mais non à la *produire*, est-ce un argument ou bien un jeu sur les mots ? Où est la différence radicale entre la création et l'augmentation de produit ? *Et d'abord*, est-ce que l'homme peut se vanter de créer quoi que ce soit ? Il transforme les objets pour les approprier à ses besoins, il augmente l'utilité naturelle des choses, et là s'arrête son activité et sa puissance. Mais, en admettant même le langage que l'économie politique condamne ; dans le cas où l'emploi de l'engrais ajouterait 25 ou 30 à la récolte dont la quantité venant sans engrais serait représentée par 100, où est la raison plausible qui ferait refuser le privilége à celui qui a fourni le moyen d'avoir ce surcroît ? Est-ce que ces 25 en sus de 100 ne valent point les 25 premiers, et pourquoi y aurait-il une cause de préférence attachée plutôt aux premiers qu'aux derniers ? Or, il n'y a point d'autre différence entre la prétendue création et l'augmentation de la récolte : c'est que la valeur née de la première opération est dans la première *centaine* et celle née de la seconde dans l'autre *centaine* ; et comme je n'ai jamais entendu dire que cela produisît une différence intrinsèque dans l'inventaire d'un particulier, ce fait ne doit avoir aucune portée dans l'inventaire de la richesse sociale. C'est parce qu'ils ont contribué à sa formation que certains créanciers ont mérité d'être privilégiés ; c'est donc le résultat qu'il faut voir, et non pas seulement la colonne verticale de l'inventaire dans laquelle le résultat est chiffré.

Mais c'est là peut-être une façon de raisonner qui s'éloigne trop de l'interprétation du texte de l'article 2102 ; il faut y revenir en l'éclairant par un coup d'œil jeté sur l'ancienne jurisprudence. Pothier nous rapporte, dans le passage cité plus haut, qu'il y avait bien des divergences sur la détermination des créances qui devaient passer avant celle du seigneur d'*hôtel* ou de *métairie*, pour parler le langage du temps. A *Orléans*, les moissonneurs étaient préférés sur les grains du seigneur de métairie ; en Dunois et dans quelques autres provinces, les charrons et les maréchaux l'emportaient sur le propriétaire du domaine, comme ayant servi à faire valoir la métairie, tandis que dans l'Orléanais le propriétaire leur était préféré! Là, en effet, celui qui avait vendu des chevaux pour faire valoir la métairie, et même ceux qui avaient fourni les semences, n'avaient de privilége sur le privilége de la métairie qu'autant qu'ils avaient obtenu du propriétaire un consentement de préférence.

Au milieu de toutes ces incertitudes que nos législateurs pouvaient bien connaître pratiquement et dont les rédacteurs du Code avaient vraisemblablement lu le tableau dans Pothier, qu'ont-ils dû vouloir ? Ni décourager l'agriculture en général, ni restreindre l'emploi du contrat de fermage dont M. Joubert disait grand bien, comme orateur du Tribunat, à propos de l'art. 1743, et dont les propriétaires auraient pu se dégoûter si leur créance avait été primée par un trop grand nombre d'autres; et pour atteindre à ce double résultat, que fallait-il ? Donner la sécurité à tous ceux qui *directement* touchent à la production, et éloigner du privilége tous ceux qui ne s'y rattachent qu'un peu *indirectement*.

Il est bien certain, en effet, que le charron qui a réparé une charrette qui n'est nullement destinée à creuser le sol, le maréchal-ferrant qui a ferré un cheval qui ne laboure point, le maquignon qui a vendu ce cheval ne touchaient que bien indirectement à la production de la récolte et lui apportaient des secours bien équivoques; aussi la loi a circonscrit les priviléges dans une certaine mesure. Elle a donné le privilége aux fournisseurs de semences; à ceux qui ont fait les *frais de la récolte*; à ceux qui ont fourni des ustensiles aratoires; puis c'est tout; mais c'est assez. Tous ceux qui ont concouru utilement à la production de la récolte y sont raisonnablement et logiquement compris, sans que l'on ait senti le besoin de procéder à une énumération *trop rigoureuse*. Le vendeur d'engrais a contribué directement, il a aidé à la récolte, il a fait des frais pour elle : il a rendu à la terre des substances minérales que les récoltes antérieures avaient enlevées ; donc il est privilégié ; il était bien inutile de le nommer ; il est compris virtuellement dans les groupes qui viennent d'être indiqués.

Telles sont les ressources que fournit l'examen de l'article 2102 au soutien de la proposition inscrite en tête de la seconde partie de cette dissertation ; mais il serait bien facile d'élargir un peu le débat et de l'éclairer par l'examen de quelques autres textes de notre loi civile. — Ne serait-il pas admissible, par exemple, de faire intervenir ici le texte et l'esprit de l'art. 548 du Code Napoléon, aux termes duquel les fruits produits par la chose n'appartiennent au propriétaire qu'à la charge de rembourser les *frais des labours*, TRAVAUX *et semences faits par des tiers ?*

En effet, d'abord l'expression *frais des labours* peut servir à interpréter l'expression *frais de la récolte* de l'art. 2102 ; et puis surtout le mot *travaux*, si large et si compréhensif, et qui embrasse sans le moindre effort l'emploi d'engrais et d'amendements quelconques, est de nature à bien faire sentir quelle est la pensée du législateur, quand il veut circonscrire le droit du propriétaire du sol en face de ceux qui ont contribué à le féconder. Or, sa pensée paraît bien être celle-ci : c'est que, de même qu'il ne faut compter les biens d'une personne que déduction faite de ses dettes, — *non sunt bona nisi deducto œre alieno*, — de même les fruits ne doivent entrer dans le patrimoine du propriétaire que déduction faite de leurs frais de production, quand ces frais n'ont pas été avancés par le propriétaire.

Sans doute le problème juridique résolu par l'art. 548 n'est point le même que celui auquel donne une solution l'art. 2102. Dans le premier cas, il s'agit d'une lutte entre le possesseur et le propriétaire, et dans le second cas, d'un concours entre différents créanciers privilégiés.

Mais d'abord, à rigoureusement parler, le droit qui appartient au propriétaire dans l'art. 2102 comme créancier gagiste, obtenant cette qualité en vertu d'un gage tacite, est un droit réel ; puis, ce droit est garanti par une action en revendication qui fait bientôt reparaître le propriétaire sous le créancier, quand les récoltes garnissant la ferme en ont été détournées. Si donc nous ne retrouvons point dans l'art. 2102 les deux mêmes combattants que dans l'art. 548, nous en retrouvons au moins un ; et, par conséquent, rigoureusement l'analogie reparaît bien un peu. Remarquons d'ailleurs que je dis l'*analogie* et non point la *ressemblance*.

Mais, à prendre les choses de plus haut, l'analogie devient frappante entre un cas et l'autre. Il s'agit de poser des limites au droit du propriétaire qui, si respectable qu'il soit, ne doit point grandir ou s'exercer sur les ruines du droit de ceux qui ont mis en œuvre sa propriété. Dans le cas de l'art. 548, il faut empêcher que le propriétaire ne reprenne, sans bourse délier, une terre qui a été manipulée, traitée d'une façon raisonnable et fructueuse par d'autres que par lui. Dans le second cas, il ne faut point que la créance privilégiée du propriétaire-locateur s'exerce au détriment d'autres créanciers qui ont directement aidé le fermier à pouvoir remplir ses engagements vis-à-vis du propriétaire..... Où est la grande différence ? Il s'agit toujours d'empêcher le propriétaire de prendre toutes les parts *quia nominatur leo*. C'est la même idée de justice à appliquer de part et d'autre.

Si l'on voulait même tout regarder à la loupe, on pourrait bien trouver une différence entre ces deux situations ; mais cette différence serait plutôt en faveur de l'extension des droits de ceux qui ont travaillé aux champs ou aidé à ce travail, dans le cas de l'art. 2102, qu'en faveur de ceux dont l'art. 548 ménage les intérêts. En effet, le propriétaire qui reprend la chose dont il a été dépouillé n'a pu nullement prévoir quelle serait la nature ou l'importance des travaux auxquels se livrera un possesseur avec lequel il n'aura eu le plus souvent aucune espèce de relation, tandis que le locateur de l'art. 2102 a traité avec un fermier, dont il pouvait apprécier les habitudes, et qui d'ailleurs a exercé son activité, en vertu de son contrat, sur une terre dont le propriétaire connaissait les besoins et les exigences de culture. Pourquoi donc s'étonnerait-il de se voir primé par des créanciers qui ont fait au fermier, ou plutôt à la terre dont celui-ci était le détenteur, des avances rationnelles et intelligentes?

Cependant, je le reconnais, ce mode d'argumentation n'est pas topique en matière de privilége, et je crois devoir m'en tenir presque exclusivement à l'interprétation de l'art. 2102.

Mais alors, en y rentrant, l'on ne saurait s'empêcher de demander respectueusement compte à la Cour de Cassation d'un arrêt dans lequel elle avait déposé autrefois une jurisprudence bien plus large que celle de l'arrêt de 1857, et par conséquent d'aller puiser ainsi chez elle-même des armes contre elle-même et en faveur de l'opinion soutenue ici.

L'arrêt auquel je fais allusion est déjà un peu ancien ; il a été rendu le 3 janvier 1837 ; mais sa date même vaut comme un argument *à fortiori*. Si l'on était déjà en 1837 favorable aux intérêts de l'agriculture et à l'emploi des méthodes larges et intelligentes, certes, il ne faut pas abandonner ces intérêts et ces besoins à mesure qu'ils sont mieux compris et demandent à être mieux satisfaits. Or, voici comment est conçue la rubrique de cet arrêt rapporté dans Sirey (1837, 1, 151). *Les avances et fournitures nécessaires à l'entretien et à l'exploitation d'une habitation coloniale sont, d'après la jurisprudence constante des tribunaux des colonies, privilégiées, comme frais de culture et de récolte, sur le prix des produits de l'habitation*; et voici les faits qui avaient donné lieu à la contestation que cet arrêt a terminée.

Le sieur Saint-Clary avait fait saisir sur le sieur Arsonneau, colon de la Guadeloupe, son débiteur, trente barriques de sucre, dont la vente produisit 6,720 francs. Une contribution s'ouvre pour la distribution de cette somme. Les sieurs Bellaud et Blanc, créanciers du sieur Arsonneau se présentent à cette distribution, et demandent que la somme tout entière leur soit adjugée, prétendant y avoir droit à titre de privilége, en vertu de l'art. 2102, § 1, n° 4, comme ayant fait au sieur Arsonneau des avances pour son exploitation et pour la récolte des sucres saisis.

Cette prétention est combattue par plusieurs motifs. Le premier, c'est que les avances faites par les créanciers Bellaud et Blanc sont le fait de négociants *commissionnaires* que l'art. 2102 n'a jamais pu avoir en vue; le second, que les avances et fournitures faites pour l'entretien ou la *faisance-valoir* d'un immeuble ne sauraient rentrer dans la catégorie des sommes prêtées pour achat de semences ou frais de récolte de l'année, qu'enfin ces fournitures ne s'appliquaient pas à la récolte spéciale d'une année.

Le tribunal de la Pointe-à-Pitre et la cour de la Guadeloupe, par jugement du 21 mai 1832 et arrêt du 7 juillet même année, repoussent ces conclusions et admettent: 1° que le privilége de l'art. 2102, n° 4, a toujours été appliqué par les tribunaux de la colonie aux négociants *commissionnaires* fournissant des avances à la *faisance-valoir* d'un immeuble; 2° que les récoltes d'une année ne doivent point se compter par année, de quantième à quantième, mais en prenant le laps de temps qu'il faut employer spécialement pour la récolte du sucre; 3° qu'on pouvait faire entrer dans la somme privilégiée tout ce qui se rattachait *intimément* à la *faisance-valoir* de l'habitation.

A la Cour de Cassation, on présenta de plus contre le privilége une considération particulière : c'est que l'art. 2102 ne donnait de privilége en faveur des fournisseurs d'avances pour semences en frais de récolte que quand il y avait lutte entre le propriétaire et eux, et qu'ici le débat se produisant entre différents créanciers, parmi lesquels n'était point compris le propriétaire, l'art. 2102, 2° § 4, était sans application. Mais la Cour de Cassation, s'appropriant la doctrine des tribunaux des colonies, a repoussé ces nouvelles conclusions comme les premières, par les motifs suivants :

« Sur le premier moyen (il y en avait d'autres étrangers » à la question actuelle), tiré de ce que l'arrêt attaqué, » qualifie de créance privilégiée celle résultant des sommes » avancées et payées pour l'exploitation d'une habitation » coloniale : attendu qu'il est constaté par l'arrêt que les » avances et les fournitures nécessaires à l'entretien et à » la *faisance-valoir* d'une habitation étaient, d'après les » usages et la jurisprudence constante des tribunaux des » colonies, placées aux nombre des créances privilégiées, » et qu'il est également constaté *en fait*, par l'arrêt attaqué, que dans l'espèce, cette sorte de créance avait » été appliquée aux frais de culture et de récolte de » l'habitation, et qu'elle épuisait le prix de la vente des » sucres saisis. Rejette. »

Que l'on compare maintenant cet arrêt avec celui de 1857, et combien l'on voit que la cour est loin de cette rigueur d'interprétation qu'elle a admise dans ces derniers temps pour l'application de l'art. 2102!

Comment ! en 1857, la Cour repousse la créance d'engrais comme privilégiée, parce qu'elle n'est pas *spécialement* indiquée dans l'art. 2102 ! Il faut agir ainsi, dit-elle, parce que si le législateur avait voulu accorder un droit de préférence pour les sommes dues pour engrais, il eût été nécessaire qu'il s'en exprimât *formellement*, comme il l'a fait pour les semences et les frais de récolte. Et en 1837 elle se contente, pour donner le privilége des semences et des frais de récolte, de pouvoir affirmer, d'après les indications des tribunaux de la colonie, qu'il s'agit de fournitures *non désignées* relatives à la faisance-valoir. Mais alors tout pourra rentrer là dedans. *Faisance-valoir,* c'est une mise en œuvre, un mode d'exploitation quelconque ! Ah ! vraiment, c'est aller un peu trop loin, et je ne signerais point pareille doctrine, d'autant mieux que la Cour de Cassation commet une petite inexactitude, en prétendant que l'arrêt attaqué a constaté *en fait* que la créance avait été appliquée uniquement aux *frais de culture et de récolte* de l'habitation. L'arrêt de la cour de la Guadeloupe disait simplement qu'on avait écarté tout ce qui ne se rattachait point intimément à la *faisance-valoir* de l'habitation. Mais où finit et où commence ce qui est attaché *intimément* à une *faisance-valoir?* Est-ce à la semence, à la plantation, à la machine, au pressoir, à tout ce qui constitue l'outillage d'une habitation ?

Vraiment, je le répète, c'est aller bien loin ; mais ce qu'il y a de certain, c'est que la Cour de Cassation aurait dû ne point tout-à-fait oublier cet arrêt en examinant les droits des fournisseurs d'engrais, et ne point se montrer trop étroite après avoir été peut-être trop large. Ce mode de compensation, à supposer qu'elle ait voulu l'appliquer, ne semble point autorisé par la justice, et les procédés de la science ne sauraient s'en accommoder.

Au moins les autres Cours ont été logiques, et quoique

je ne constate qu'avec douleur leurs tendances peu favorables à l'emploi des engrais, je suis obligé de reconnaître qu'elles ont été fermes dans leur jurisprudence, et que l'on ne saurait relever chez elles d'arrêts contradictoires.

Ainsi la cour de Douai sur laquelle je m'appuyais avec bonheur dans la première partie de mon travail, me laisse ici sans soutien et refuse nettement le privilége. Ah! quel dommage, à mon sens, et quelle rigueur dans la doctrine de cette Cour, calquée d'ailleurs sur celle de la Cour de Cassation! — « Attendu que les frais de récolte dont parle » l'article 2102 ne s'entendent que des frais de moisson; » attendu qu'on ne peut comprendre les engrais sous la » désignation des semences; que les priviléges sont de » droit étroit; qu'ils doivent résulter d'un texte et ne peu- » vent s'établir par analogie (1). »

Quant aux autres Cours, tout en refusant le privilége aux fournisseurs d'engrais, il semble que leur sympathie était pour cette cause; mais elles ont triomphé de leurs sentiments. N'importe; il semble que la main du rédacteur de leurs arrêts a tremblé en mettant dans l'urne une boule noire contre un pareil privilége. Combien il serait facile de les ramener, si la Cour de Cassation voulait bien prendre la peine de se souvenir de sa jurisprudence de 1837!

« Considérant, disait la cour de Caen en 1837, le » 28 juin (2), que sans doute on ne peut suppléer au silence » de la loi pour créer un privilége qu'elle n'a point *expres- » sément* déterminé. » Mais cet argument de droit ne la rassure pas complètement; elle ajoute, comme pour s'excuser de la rigueur du principe posé : « Attendu que le locateur » en louant sa terre au fermier, lui a nécessairement livré

(1) Arrêt du 24 janvier 1865, cour de Douai. Voir *Moniteur des Tribunaux* du 30 juillet 1865.

(2) Voir Sirey, 1837. 2, 395.

» des fumiers et des pailles en quantité suffisante, ou que » du moins le fermier, en acceptant la terre dans l'état où » elle se trouvait, doit être regardé comme s'étant contenté » de cet état, sous le rapport des engrais, et que le pro- » priétaire n'a pas dû s'attendre que son privilége pour » fermages pût se trouver primé par les frais de tous les » engrais *extraordinaires* qu'il plairait à son fermier de pla- » cer sur sa terre; que, dans l'espèce, il y aurait eu d'au- » tant plus d'inconvénients à les allouer, qu'ils s'élèvent à » une somme très considérable et qui absorberait presque » en entier le produit de la récolte sur lequel le proprié- » taire devait compter pour le paiement de ses fermages. »

N'est-il pas évident, pour qui sait lire entre les lignes, que si la créance d'engrais avait été minime et que si les engrais industriels avaient été mieux connus, mieux appréciés, les magistrats de Caen auraient accordé le privilége? Il a été fait déjà bien du chemin en agriculture depuis ce moment là; qui sait si la cour de Caen aurait aujourd'hui la même opinion juridique?

M. Troplong, dans tous les cas, croit que sa solution changerait. Voici comment il s'exprime après avoir rappelé l'arrêt de 1837 : Je doute que la solution fût la même, aujourd'hui que, par suite des changements survenus dans la culture, on consacre aux engrais, dans la Normandie, des sommes bien autrement considérables que celles qu'on avait coutume d'employer en 1837 (Troplong, *hypothèques*, Ier vol. no 166, page 209, note 1).

Quant à la cour d'Amiens, elle est plus qu'à moitié convertie. Voyez, en effet; elle s'approprie, le 2 mai 1863 [1], un jugement du tribunal de commerce de Chauny, et ne se décide qu'à regret à repousser, au nom de la rigueur des règles en matière de privilége, le privilége du fournisseur

[1] Voir Sirey, 1863. 2, 122.

de *Guanos* non payé. « Attendu que les mots : *frais de* » *récolte* étant susceptibles d'une certaine interprétation, » plusieurs jurisconsultes ont pensé qu'ils ne doivent » pas s'entendre seulement des frais de la récolte propre- » ment dite, mais aussi des frais faits en vue de cette » récolte et que, par conséquent, des fournitures d'en- » grais donneraient lieu au privilége ; attendu que cette » interprétation prend sa source *dans un motif d'équité*, car » il est évident que les frais faits pour améliorer le sol, » en vue de la récolte, ont nécessairement dû augmenter » le gage des créanciers ; — que, dans l'intérêt de l'agricul- » ture, le législateur aurait pu l'entendre ainsi, afin d'ac- » corder une sûreté spéciale à ceux qui font des avances » dans ce but ; — attendu que, malgré tout ce que de » pareilles raisons semblent présenter d'équitable, il est » néanmoins impossible de méconnaître que, dans l'esprit » du Code Napoléon, les priviléges sont de droit étroit et » ne sauraient jamais s'induire d'un cas à l'autre ; que la » jurisprudence des cours d'appel et de la Cour de Cas- » sation est constante à cet égard..... Confirme. »

Cela est clair : que les jurisconsultes insistent encore davantage, que la Cour de Cassation change d'opinion et la cour d'Amiens sera bien ébranlée ; elle suivra l'im-pulsion.

Quant aux jurisconsultes, ils sont presque unanimes, et s'il y a des nuances dans l'énergie de leurs convictions en faveur de la cause que je défends, il n'y a point de diver-sité dans leurs solutions.

Je viens d'indiquer la tendance de M. Troplong ; le con-tinuateur de M. Marcadé, M. Pont est plus affirmatif. « La » loi ne précisant pas et ne distinguant pas, dit-il, le » privilége pour frais de récoltes doit être étendu à toutes » les fournitures *faites en vue de la récolte*, quoique la cour » de Caen ait cru, *bien à tort*, devoir juger le contraire, et

» il rappelle l'arrêt de 1837. » Ce rapprochement montre surabondamment qu'il veut parler des engrais.

Voici maintenant l'opinion des annotateurs de Zachariæ, de MM. Massé et Vergé. — « Si par sommes dues pour les » semences, il ne fallait entendre que le prix des grains, il » en résulterait cette conséquence inadmissible que les frais » de labour même ne seraient point privilégiés.

» On conçoit très-bien que l'utilité ou la nécessité de » certains engrais puisse être contestée, et qu'à ce point » de vue, ceux que l'on considérait comme des engrais de » fantaisie, comme des sujets d'expérience dont le pro- » priétaire ne doit point faire les frais, ne profitent pas » du privilége de l'art. 2102 ; mais quand leur utilité n'est » pas contestée, quand leur emploi n'est que l'accomplis- » sement de devoirs imposés par l'obligation d'une bonne » culture, nous croyons que l'esprit, et plus encore les » termes de l'art. 2102, veulent qu'ils soient protégés par » le privilége des frais de semence.

» *Sommes dues pour les semences* veut dire *sommes dues* » *pour faire les semences*, c'est-à-dire pour mettre les grains » en terre. Or, dans ces sommes figure non-seulement le » prix de la semence, mais encore le prix des engrais » employés selon les nécessités de la culture, *parce que l'un* » *n'est pas moins nécessaire que l'autre.* »

On l'a vu, ce n'est point dans l'expression *frais de semences* que, pour ma part, je trouve implicitement comprise la créance de fourniture d'engrais ; j'aime mieux la voir embrassée dans l'expression *frais de la récolte.* Mais ce n'est là qu'une nuance ; au fond, ce qu'il importe de constater, c'est que bien des docteurs et des plus autorisés, M. Pont, MM. Massé et Vergé, M. Troplong peut-être, admettent, pour fixer l'étendue d'un privilége, des règles d'interprétation bien plus larges que celles de la Cour de Cassation dans l'arrêt de 1857 ; et cependant, en face d'une jurisprudence si bénigne pour les falsifications d'engrais, qui n'aurait compris les hésitations de la doctrine à accorder un privilége pour les fournitures de ces substances? Avant de donner des droits, il faut avoir imposé et fait respecter des devoirs; la conquête du droit ne doit être que la récompense du devoir accompli.

Aussi n'ai-je osé parler de privilége pour les fournitures d'engrais qu'après avoir indiqué les moyens juridiques d'atteindre la fraude dans ce commerce, sous toutes ses formes, même quand elle se dérobe sous une simple diminution de qualités fertilisantes qui n'atteint point l'essence même du produit; c'était à la fois un ordre imposé par la raison et la morale.

Ici s'arrête le développement des vœux que je voulais formuler en faveur de la propagation d'un des moyens les plus énergiques que peut mettre en œuvre une culture obligée de se faire puissante et active, *intensive*, pour parler le langage technique. Je ne me fais aucune illusion et je sais bien que ma voix n'a point assez d'autorité pour être écoutée; mais il m'est impossible cependant de ne pas espérer que la Justice de mon pays suivra la marche progressive que l'Administration vient de lui indiquer, il y a quelques jours, dans le département du Loiret.

Le 1er décembre 1865, M. Dureau, préfet du Loiret, a pris un arrêté qui organise un laboratoire de chimie agricole, où les agriculteurs pourront venir faire expérimenter *gratuitement* les engrais qu'ils achètent, pour en apprécier le *dosage* et les *qualités*. Voilà rempli l'un des vœux que j'ai exprimé aussi dans les premières pages de ce travail, et certes rempli, il faut bien le dire, de la façon la plus intelligente et la plus généreuse. L'administration a prévenu le mal et la fraude; c'est son rôle; c'est de la bonne et salutaire police; elle a trouvé le moyen d'économiser ainsi les rigueurs de la justice, c'est bien.

A la justice maintenant de la seconder en frappant sévèrement, quand il le faudra, la fraude qui aura pu échapper aux moyens préventifs ; mais elle doit faire plus encore : qu'elle s'empare d'un rôle plus élevé qui lui appartient, et qu'après avoir fait trembler les mauvais commerçants, elle rassure les bons en leur garantissant le paiement de fournitures qui peuvent si fort augmenter la force productive et la richesse naturelle du sol de notre pays.

Toulouse. — Typographie de Bonnal et Gibrac, rue St-Rome, 44.

www.ingramcontent.com/pod-product-compliance
Ingram Content Group UK Ltd.
Pitfield, Milton Keynes, MK11 3LW, UK
UKHW020422180726
13839UKWH00003B/1365